연산부터 문해력까지
**풍산자** **연산**으로
수학을 시작해요.

풍산자 연산

초등 연산의 모든 것

초등 수학 2-1

# 구성과 특징

**1일차** 학습 주제별 연산 문제를 풍부하게 제공합니다.

주제별 알아야 하는 개념을 살펴봐요.

많은 문제로 연산을 연습해요.

---

**01일차** 1. 백, 몇백 알아보기

학습 날짜: 월 일 정답 2쪽

90보다 10만큼 더 큰 수
10이 10개인 수
쓰기 100 읽기 백

100이 3개인 수
쓰기 300 읽기 삼백

☝ ☐ 안에 알맞은 수나 말을 써넣으세요.

**1** 99보다 1만큼 더 큰 수는 100이고, ☐ 이라고 읽습니다.

**2** 100이 2개인 수는 ☐ 이고, ☐ 이라고 읽습니다.

🐰 100이 ★개인 수는 ★000이에요!

**3** ☐ 은 92보다 8만큼 더 큰 수입니다.

**4** 700은 100이 ☐ 개이고, ☐ 이라고 읽습니다.

**5** 93보다 ☐ 만큼 더 큰 수는 100입니다.

**6** 95보다 5만큼 더 큰 수는 ☐ 입니다.

**7** 10이 ☐ 개인 수는 100이고, ☐ 이라고 읽습니다.

**8** 100은 91보다 ☐ 만큼 더 큰 수입니다.

**9** 600은 100이 ☐ 개이고, ☐ 이라고 읽습니다.

**10** 90보다 10만큼 더 큰 수는 ☐ 이고, ☐ 이라고 읽습니다.

**11** 100이 9개인 수는 ☐ 이고, ☐ 이라고 읽습니다.

**12** 80보다 ☐ 만큼 더 큰 수는 100입니다.

8 풍산자 연산 2-1

☝ 수를 읽어 보세요.

**13** 200 읽기 ( )

**14** 500 읽기 ( )

**15** 400 읽기 ( )

**16** 800 읽기 ( )

**17** 700 읽기 ( )

**18** 100 읽기 ( )

**19** 600 읽기 ( )

☝ 수로 써 보세요.

**20** 구백 쓰기 ( )

**21** 삼백 쓰기 ( )

**22** 육백 쓰기 ( )

**23** 사백 쓰기 ( )

**24** 오백 쓰기 ( )

**25** 이백 쓰기 ( )

**26** 칠백 쓰기 ( )

| 맞힌 개수 | 나의 학습 결과에 ○표 하세요. | | | | QR 빠른정답 확인 |
|---|---|---|---|---|---|
| 개 /26개 | 맞힌 개수 | 0~3개 | 4~13개 | 14~23개 | 24~26개 |
| | 학습 방법 | 다시 한번 풀어 봐요. | 계산 연습이 필요해요. | 틀린 문제를 확인해요. | 실수하지 않도록 집중해요. |

1. 세 자리 수 9

학습 결과를 스스로 확인해요.

QR로 간편하게 정답을 확인해요.

---

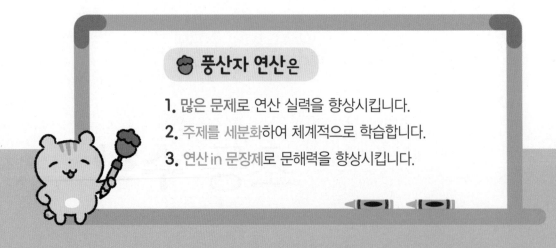

## 🌰 풍산자 연산은

1. 많은 문제로 연산 실력을 향상시킵니다.
2. 주제를 세분화하여 체계적으로 학습합니다.
3. 연산 in 문장제로 문해력을 향상시킵니다.

반복 연습으로 연산 실력을 키워요.　　문장제로 문해력과 연산 실력을 함께 키워요.

## 02일차　1. 백, 몇백 알아보기

학습 날짜:　월　일　정답 2쪽

**알맞은 수를 쓰고 읽어 보세요.**

**1** 96보다 4만큼 더 큰 수
쓰기 ＿＿＿＿　읽기 ＿＿＿＿

**2** 100이 6개인 수
쓰기 ＿＿＿＿　읽기 ＿＿＿＿

**3** 100이 3개인 수
쓰기 ＿＿＿＿　읽기 ＿＿＿＿

**4** 98보다 2만큼 더 큰 수
쓰기 ＿＿＿＿　읽기 ＿＿＿＿

**5** 100이 8개인 수
쓰기 ＿＿＿＿　읽기 ＿＿＿＿

**6** 60보다 40만큼 더 큰 수
쓰기 ＿＿＿＿　읽기 ＿＿＿＿

**수 모형이 나타내는 수를 쓰고 읽어 보세요.**

**7** 쓰기 ＿＿＿＿　읽기 ＿＿＿＿

**8** 쓰기 ＿＿＿＿　읽기 ＿＿＿＿

**9** 쓰기 ＿＿＿＿　읽기 ＿＿＿＿

**10** 쓰기 ＿＿＿＿　읽기 ＿＿＿＿

**11** 쓰기 ＿＿＿＿　읽기 ＿＿＿＿

**12** 쓰기 ＿＿＿＿　읽기 ＿＿＿＿

**연산 in 문장제**

장미가 100 송이씩 6 묶음이 있습니다. 장미는 모두 몇 송이인지 구해 보세요.

100송이씩 6묶음이면 600송이
한 묶음에 있는 장미 수　장미 묶음 수　전체 장미 수

**13** 저금통 안에 100원짜리 동전 3개가 있습니다. 100원짜리 동전은 모두 얼마인지 구해 보세요.

**14** 색종이가 한 묶음에 100장씩 5묶음이 있습니다. 색종이는 모두 몇 장인지 구해 보세요.

**15** 비행기 1대에는 100명이 탈 수 있습니다. 비행기 7대에는 모두 몇 명이 탈 수 있는지 구해 보세요.

**16** 서우는 줄넘기를 1회에 100번씩 2회를 뛰었습니다. 서우가 줄넘기를 모두 몇 번 뛰었는지 구해 보세요.

**17** 이준이는 하루에 종이학을 100마리씩 접습니다. 이준이가 8일 동안 접은 종이학은 모두 몇 마리인지 구해 보세요.

**18** 귤이 한 상자에 100개씩 들어 있습니다. 4상자에 들어 있는 귤은 모두 몇 개인지 구해 보세요.

| 맞힌 개수 | 0~2개 | 3~9개 | 10~16개 | 17~18개 |
|---|---|---|---|---|
| 학습 방법 | 다시 한번 풀어 봐요. | 계산 연습이 필요해요. | 틀린 문제를 확인해요. | 실수하지 않도록 집중해요. |

맞힌 개수 ＿＿개 / 18개

연산 도구로 문장제 속 연산을 정확하게 해결해요.

## 연산 & 문장제 마무리

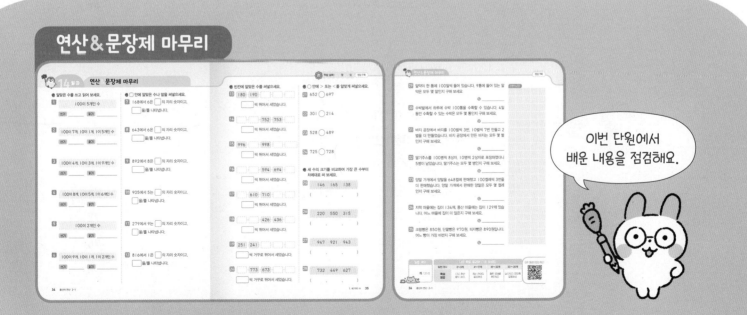

이번 단원에서 배운 내용을 점검해요.

# 차례

## 1 세 자리 수

| | |
|---|---|
| 1. 백, 몇백 알아보기 | 8 |
| 2. 세 자리 수 알아보기 | 12 |
| 3. 세 자리 수의 자릿값 알아보기 | 16 |
| 4. 뛰어 세기 | 20 |
| 5. 두 수의 크기 비교 | 26 |
| 6. 세 수의 크기 비교 | 30 |
| 연산＆문장제 마무리 | 34 |

## 2 덧셈

| | |
|---|---|
| 1. 받아올림이 있는 (두 자리 수)+(한 자리 수) | 38 |
| 2. 일의 자리에서 받아올림이 있는 (두 자리 수)+(두 자리 수) | 44 |
| 3. 십의 자리에서 받아올림이 있는 (두 자리 수)+(두 자리 수) | 50 |
| 4. 받아올림이 두 번 있는 (두 자리 수)+(두 자리 수) | 56 |
| 5. 여러 가지 방법으로 덧셈하기 | 62 |
| 연산＆문장제 마무리 | 66 |

## 3 뺄셈

| | |
|---|---|
| 1. (몇십)−(한 자리 수) | 70 |
| 2. 받아내림이 있는 (두 자리 수)−(한 자리 수) | 74 |
| 3. (몇십)−(두 자리 수) | 80 |
| 4. 받아내림이 있는 (두 자리 수)−(두 자리 수) | 86 |
| 5. 여러 가지 방법으로 뺄셈하기 | 92 |
| 연산＆문장제 마무리 | 96 |

**4 덧셈과 뺄셈**

| | |
|---|---|
| 1. 덧셈과 뺄셈의 관계 | 100 |
| 2. 덧셈식에서 ▢의 값 구하기 | 104 |
| 3. 뺄셈식에서 ▢의 값 구하기 | 108 |
| 4. 세 수의 덧셈 | 112 |
| 5. 세 수의 뺄셈 | 118 |
| 6. 세 수의 덧셈과 뺄셈 | 124 |
| 연산 & 문장제 마무리 | 130 |

**5 곱셈**

| | |
|---|---|
| 1. 묶어 세기 | 134 |
| 2. 몇의 몇 배 알아보기 | 138 |
| 3. 곱셈식 알아보기 | 142 |
| 4. 곱셈식으로 나타내기 | 146 |
| 연산 & 문장제 마무리 | 150 |

# 함께 공부할 친구들

# 1

# 세 자리 수

| 학습 주제 | 학습 일차 | 맞힌 개수 |
|---|---|---|
| 1. 백, 몇백 알아보기 | 01일 차 | /26 |
| | 02일 차 | /18 |
| 2. 세 자리 수 알아보기 | 03일 차 | /40 |
| | 04일 차 | /17 |
| 3. 세 자리 수의 자릿값 알아보기 | 05일 차 | /18 |
| | 06일 차 | /35 |
| 4. 뛰어 세기 | 07일 차 | /28 |
| | 08일 차 | /26 |
| | 09일 차 | /18 |
| 5. 두 수의 크기 비교 | 10일 차 | /40 |
| | 11일 차 | /25 |
| 6. 세 수의 크기 비교 | 12일 차 | /40 |
| | 13일 차 | /25 |
| 연산 & 문장제 마무리 | 14일 차 | /35 |

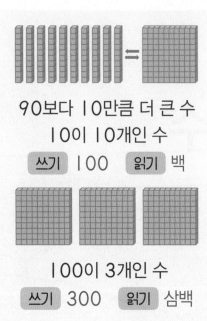

90보다 10만큼 더 큰 수
10이 10개인 수
쓰기 100   읽기 백

100이 3개인 수
쓰기 300   읽기 삼백

🫐 ☐ 안에 알맞은 수나 말을 써넣으세요.

1  99보다 1만큼 더 큰 수는 100이고,
☐ 이라고 읽습니다.

2  100이 2개인 수는 ☐ 이고,
☐ 이라고 읽습니다.

100이 ★개인 수는 ★00이에요!

3  ☐ 은 92보다 8만큼 더 큰 수입
니다.

4  700은 100이 ☐ 개이고, ☐ 이
라고 읽습니다.

5  93보다 ☐ 만큼 더 큰 수는 100입니
다.

6  95보다 5만큼 더 큰 수는 ☐ 입
니다.

7  10이 ☐ 개인 수는 100이고,
☐ 이라고 읽습니다.

8  100은 91보다 ☐ 만큼 더 큰 수입니
다.

9  600은 100이 ☐ 개이고, ☐ 이
라고 읽습니다.

10  90보다 10만큼 더 큰 수는 ☐ 이
고, ☐ 이라고 읽습니다.

11  100이 9개인 수는 ☐ 이고,
☐ 이라고 읽습니다.

12  80보다 ☐ 만큼 더 큰 수는 100입
니다.

🌸 수를 읽어 보세요.

**13** 200

읽기 (　　　　　　)

**14** 500

읽기 (　　　　　　)

**15** 400

읽기 (　　　　　　)

**16** 800

읽기 (　　　　　　)

**17** 700

읽기 (　　　　　　)

**18** 100

읽기 (　　　　　　)

**19** 600

읽기 (　　　　　　)

🌸 수로 써 보세요.

**20** 구백

쓰기 (　　　　　　)

**21** 삼백

쓰기 (　　　　　　)

**22** 육백

쓰기 (　　　　　　)

**23** 사백

쓰기 (　　　　　　)

**24** 오백

쓰기 (　　　　　　)

**25** 이백

쓰기 (　　　　　　)

**26** 칠백

쓰기 (　　　　　　)

| 맞힌 개수 | 나의 학습 결과에 ○표 하세요. | | | |
|---|---|---|---|---|
| | 맞힌 개수 | 0~3개 | 4~13개 | 14~23개 | 24~26개 |
| 개 /26개 | 학습 방법 | 다시 한번 풀어 봐요. | 계산 연습이 필요해요. | 틀린 문제를 확인해요. | 실수하지 않도록 집중해요. |

QR 빠른 정답 확인

# 1. 백, 몇백 알아보기

🌰 알맞은 수를 쓰고 읽어 보세요.

**1** 96보다 4만큼 더 큰 수

쓰기 _____   읽기 _____

**2** 100이 6개인 수

쓰기 _____   읽기 _____

**3** 100이 3개인 수

쓰기 _____   읽기 _____

**4** 98보다 2만큼 더 큰 수

쓰기 _____   읽기 _____

**5** 100이 8개인 수

쓰기 _____   읽기 _____

**6** 60보다 40만큼 더 큰 수

쓰기 _____   읽기 _____

🌰 수 모형이 나타내는 수를 쓰고 읽어 보세요.

**7**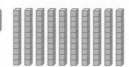

쓰기 _____   읽기 _____

**8**

쓰기 _____   읽기 _____

**9**

쓰기 _____   읽기 _____

**10**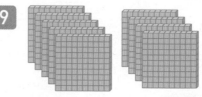

쓰기 _____   읽기 _____

**11**

쓰기 _____   읽기 _____

**12**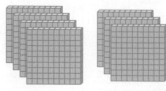

쓰기 _____   읽기 _____

## 연산 in 문장제

장미가 100송이씩 6묶음이 있습니다. 장미는 모두 몇 송이인지 구해 보세요.

100송이씩 6묶음이면 600송이

한 묶음에 있는    장미 묶음 수        전체
장미 수                              장미 수

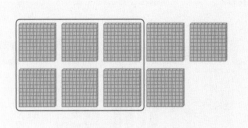

**13** 저금통 안에 100원짜리 동전 3개가 있습니다. 100원짜리 동전은 모두 얼마인지 구해 보세요.

답 _____

**14** 색종이가 한 묶음에 100장씩 5묶음이 있습니다. 색종이는 모두 몇 장인지 구해 보세요.

답 _____

**15** 비행기 1대에는 100명이 탈 수 있습니다. 비행기 7대에는 모두 몇 명이 탈 수 있는지 구해 보세요.

답 _____

**16** 서우는 줄넘기를 1회에 100번씩 2회를 뛰었습니다. 서우가 줄넘기를 모두 몇 번 뛰었는지 구해 보세요.

답 _____

**17** 이준이는 하루에 종이학을 100마리씩 접습니다. 이준이가 8일 동안 접은 종이학은 모두 몇 마리인지 구해 보세요.

답 _____

**18** 귤이 한 상자에 100개씩 들어 있습니다. 4상자에 들어 있는 귤은 모두 몇 개인지 구해 보세요.

답 _____

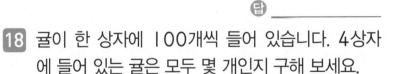

| 맞힌 개수 | | 나의 학습 결과에 ○표 하세요. | | | |
|---|---|---|---|---|---|
| | 맞힌 개수 | 0~2개 | 3~9개 | 10~16개 | 17~18개 |
| 개 /18개 | 학습 방법 | 다시 한번 풀어 봐요. | 계산 연습이 필요해요. | 틀린 문제를 확인해요. | 실수하지 않도록 집중해요. |

QR 빠른정답 확인

# 2. 세 자리 수 알아보기

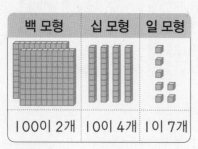

| 백 모형 | 십 모형 | 일 모형 |
|---|---|---|
| 100이 2개 | 10이 4개 | 1이 7개 |

**쓰기** 247  **읽기** 이백사십칠

100이 ★개, 10이 ■개,
1이 ▲개인 수는
★■▲예요.

🍠 ☐ 안에 알맞은 수를 써 넣으세요.

1  100이 4개
   10이 5개  ☐
   1이 7개

2  100이 2개
   10이 1개  ☐
   1이 3개

3  100이 8개
   10이 9개  ☐
   1이 5개

4  100이 6개
   10이 2개  ☐
   1이 2개

5  100이 1개
   10이 3개  ☐
   1이 5개

6  100이 5개
   10이 9개  ☐
   1이 2개

7  100이 3개
   10이 8개  ☐
   1이 1개

8  100이 7개
   10이 6개  ☐
   1이 8개

9  100이 6개
   10이 1개  ☐
   1이 4개

10  100이 8개
    10이 2개  ☐
    1이 9개

11  100이 5개
    10이 7개  ☐
    1이 0개

12  100이 3개
    10이 0개  ☐
    1이 6개

🍠 수를 읽어 보세요.

13  486

읽기 (                    )

14  277

읽기 (                    )

15  539

읽기 (                    )

16  741

읽기 (                    )

17  852

읽기 (                    )

18  974

읽기 (                    )

19  158

읽기 (                    )

**20**　933

읽기 (　　　　　　)

**21**　473

읽기 (　　　　　　)

**22**　585

읽기 (　　　　　　)

**23**　724

읽기 (　　　　　　)

**24**　348

읽기 (　　　　　　)

**25**　910

읽기 (　　　　　　)

**26**　605

읽기 (　　　　　　)

## 🐻 수로 써 보세요.

**27**　백오십육

쓰기 (　　　　　　)

**28**　구백오십이

쓰기 (　　　　　　)

**29**　팔백십칠

쓰기 (　　　　　　)

**30**　육백이십구

쓰기 (　　　　　　)

**31**　이백칠십오

쓰기 (　　　　　　)

**32**　삼백오십오

쓰기 (　　　　　　)

**33**　사백팔십사

쓰기 (　　　　　　)

**34**　이백팔십구

쓰기 (　　　　　　)

**35**　칠백구십삼

쓰기 (　　　　　　)

**36**　육백십일

쓰기 (　　　　　　)

**37**　칠백오십팔

쓰기 (　　　　　　)

**38**　백사십육

쓰기 (　　　　　　)

**39**　오백삼십

쓰기 (　　　　　　)

**40**　이백이

쓰기 (　　　　　　)

| 맞힌 개수 | 나의 학습 결과에 ○표 하세요. | | | | QR 빠른정답 확인 |
|---|---|---|---|---|---|
| | 맞힌 개수 | 0~4개 | 5~20개 | 21~36개 | 37~40개 |
| 개 /40개 | 학습 방법 | 다시 한번 풀어 봐요. | 계산 연습이 필요해요. | 틀린 문제를 확인해요. | 실수하지 않도록 집중해요. |

# 2. 세 자리 수 알아보기

🐾 알맞은 수를 쓰고 읽어 보세요.

**1** 100이 8개, 10이 3개, 1이 1개인 수

쓰기 _____    읽기 _____

**2** 100이 9개, 10이 6개인 수

쓰기 _____    읽기 _____

**3** 100이 1개, 10이 7개, 1이 2개인 수

쓰기 _____    읽기 _____

**4** 100이 3개, 10이 2개, 1이 9개인 수

쓰기 _____    읽기 _____

**5** 100이 5개, 1이 9개인 수

쓰기 _____    읽기 _____

**6** 100이 7개, 10이 1개, 1이 3개인 수

쓰기 _____    읽기 _____

🐾 수 모형이 나타내는 수를 쓰고 읽어 보세요.

**7**

쓰기 _____    읽기 _____

**8**

쓰기 _____    읽기 _____

**9**

쓰기 _____    읽기 _____

**10**

쓰기 _____    읽기 _____

**11**

쓰기 _____    읽기 _____

**12**

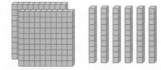

쓰기 _____    읽기 _____

**연산 in 문장제**

문구점에 공책이 100권씩 4묶음, 10권씩 2묶음, 1권씩 9권이 있습니다. 공책은 모두 몇 권인지 구해 보세요.

| 100 | 4개 |
|---|---|
| 10 | 2개 |
| 1 | 9개 |

100이 4개, 10이 2개, 1이 9개인 수는 429(권)

↑          ↑          ↑          ↑
100의 개수   10의 개수   1의 개수   전체 공책 수

---

**13** 저금통 안에 100원짜리 동전 5개, 10원짜리 동전 1개가 있습니다. 동전은 모두 얼마인지 구해 보세요.

답 _____

| 100 | 개 |
|---|---|
| 10 | 개 |
| 1 | 개 |

---

**14** 색연필을 100자루씩 6상자와 10자루씩 8상자로 포장하였더니 3자루가 남았습니다. 색연필은 모두 몇 자루인지 구해 보세요.

답 _____

| 100 | 개 |
|---|---|
| 10 | 개 |
| 1 | 개 |

---

**15** 지학 초등학교 2학년 학생들을 100명씩 2줄, 10명씩 7줄로 줄을 세웠더니 4명이 남았습니다. 지학 초등학교 2학년 학생은 모두 몇 명인지 구해 보세요.

답 _____

| 100 | 개 |
|---|---|
| 10 | 개 |
| 1 | 개 |

---

**16** 풍산이는 책을 100쪽씩 1일, 10쪽씩 8일, 1쪽씩 2일 읽었습니다. 풍산이가 읽은 책은 모두 몇 쪽인지 구해 보세요.

답 _____

| 100 | 개 |
|---|---|
| 10 | 개 |
| 1 | 개 |

---

**17** 산에 나무를 100그루씩 8번, 10그루씩 9번, 1그루씩 4번 심었습니다. 산에 심은 나무는 모두 몇 그루인지 구해 보세요.

답 _____

| 100 | 개 |
|---|---|
| 10 | 개 |
| 1 | 개 |

---

**맞힌 개수**

개 /17개

**나의 학습 결과에 ○표 하세요.**

| 맞힌 개수 | 0~2개 | 3~8개 | 9~15개 | 16~17개 |
|---|---|---|---|---|
| 학습 방법 | 다시 한번 풀어 봐요. | 계산 연습이 필요해요. | 틀린 문제를 확인해요. | 실수하지 않도록 집중해요. |

**QR 빠른정답 확인**

1. 세 자리 수   **15**

# 3. 세 자리 수의 자릿값 알아보기

백의 자리 | 십의 자리 | 일의 자리
6 | 1 | 7
↓
6 | 0 | 0
| 1 | 0
| | 7

6은 백의 자리 숫자이고 600을 나타내요.
1은 십의 자리 숫자이고 10을 나타내요.
7은 일의 자리 숫자이고 7을 나타내요.

**617 = 600 + 10 + 7**

🐏 ☐ 안에 알맞은 수를 써넣으세요.

**1**
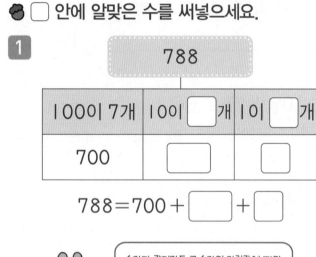
788

| 100이 7개 | 10이 ☐개 | 1이 ☐개 |
|---|---|---|
| 700 | ☐ | ☐ |

788 = 700 + ☐ + ☐

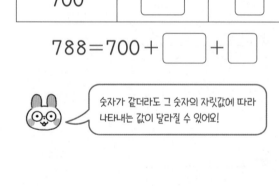
숫자가 같더라도 그 숫자의 자릿값에 따라 나타내는 값이 달라질 수 있어요!

**2**
546

| 100이 ☐개 | 10이 ☐개 | 1이 ☐개 |
|---|---|---|
| ☐ | ☐ | ☐ |

546 = ☐ + ☐ + ☐

**3**
194

| 100이 ☐개 | 10이 ☐개 | 1이 ☐개 |
|---|---|---|
| ☐ | ☐ | ☐ |

194 = ☐ + ☐ + ☐

**4**
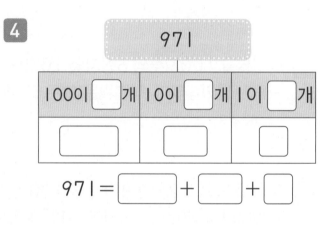
971

| 100이 ☐개 | 10이 ☐개 | 1이 ☐개 |
|---|---|---|
| ☐ | ☐ | ☐ |

971 = ☐ + ☐ + ☐

**5**
492

| 100이 ☐개 | 10이 ☐개 | 1이 ☐개 |
|---|---|---|
| ☐ | ☐ | ☐ |

492 = ☐ + ☐ + ☐

**6**
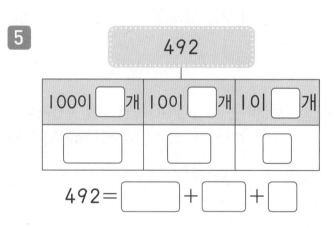
853

| 100이 ☐개 | 10이 ☐개 | 1이 ☐개 |
|---|---|---|
| ☐ | ☐ | ☐ |

853 = ☐ + ☐ + ☐

**7**

278 ├─ 2는 200을 나타냅니다.
    ├─ 7은 [    ]을/를 나타냅니다.
    └─ 8은 [    ]을/를 나타냅니다.

**8**

435 ├─ 4는 [    ]을/를 나타냅니다.
    ├─ 3은 [    ]을/를 나타냅니다.
    └─ 5는 [    ]을/를 나타냅니다.

**9**

138 ├─ 1은 [    ]을/를 나타냅니다.
    ├─ 3은 [    ]을/를 나타냅니다.
    └─ 8은 [    ]을/를 나타냅니다.

**10**

679 ├─ 6은 [    ]을/를 나타냅니다.
    ├─ 7은 [    ]을/를 나타냅니다.
    └─ 9는 [    ]을/를 나타냅니다.

**11**

962 ├─ 9는 [    ]을/를 나타냅니다.
    ├─ 6은 [    ]을/를 나타냅니다.
    └─ 2는 [    ]을/를 나타냅니다.

**12**

319 ├─ 3은 [    ]을/를 나타냅니다.
    ├─ 1은 [    ]을/를 나타냅니다.
    └─ 9는 [    ]을/를 나타냅니다.

🐾 빈칸에 알맞은 수를 써넣으세요.

**13** 팔백사

| 백의 자리 | 십의 자리 | 일의 자리 |
|---|---|---|
|  |  |  |

**14** 이백구십일

| 백의 자리 | 십의 자리 | 일의 자리 |
|---|---|---|
|  |  |  |

**15** 칠백칠십

| 백의 자리 | 십의 자리 | 일의 자리 |
|---|---|---|
|  |  |  |

**16** 사백육십이

| 백의 자리 | 십의 자리 | 일의 자리 |
|---|---|---|
|  |  |  |

**17** 육백삼십오

| 백의 자리 | 십의 자리 | 일의 자리 |
|---|---|---|
|  |  |  |

**18** 오백육십구

| 백의 자리 | 십의 자리 | 일의 자리 |
|---|---|---|
|  |  |  |

| 맞힌 개수 | 나의 학습 결과에 ○표 하세요. | | | |
|---|---|---|---|---|
| | 맞힌 개수 | 0~2개 | 3~9개 | 10~16개 | 17~18개 |
| 개 /18개 | 학습 방법 | 다시 한번 풀어 봐요. | 계산 연습이 필요해요. | 틀린 문제를 확인해요. | 실수하지 않도록 집중해요. |

QR 빠른 정답 확인

🐻 ☐ 안에 알맞은 수를 써넣으세요.

**1**   $125 = 100 + 20 + \boxed{\phantom{0}}$

**2**   $721 = 700 + \boxed{\phantom{0}} + 1$

**3**   $934 = \boxed{\phantom{0}} + 30 + 4$

**4**   $638 = 600 + 30 + \boxed{\phantom{0}}$

**5**   $326 = 300 + 20 + \boxed{\phantom{0}}$

**6**   $517 = 500 + \boxed{\phantom{0}} + 7$

**7**   $829 = \boxed{\phantom{0}} + 20 + 9$

🐻 밑줄 친 숫자는 얼마를 나타내는지 써 보세요.

**8**   6<u>4</u>7
➡ ☐

**9**   <u>4</u>19
➡ ☐

**10**   83<u>4</u>
➡ ☐

**11**   9<u>6</u>0
➡ ☐

**12**   <u>2</u>96
➡ ☐

**13**   39<u>6</u>
➡ ☐

**14**   1<u>7</u>3
➡ ☐

**15**   <u>3</u>58
➡ ☐

**16**   <u>5</u>88
➡ ☐

**17**   2<u>8</u>4
➡ ☐

**18**   87<u>2</u>
➡ ☐

**19**   <u>9</u>41
➡ ☐

**20**   7<u>5</u>6
➡ ☐

**21**   6<u>1</u>2
➡ ☐

🐾 ☐ 안에 알맞은 수나 말을 써넣으세요.

**22** 763에서 7은 ☐ 의 자리 숫자이고,
☐ 을/를 나타냅니다.

**23** 928에서 2는 ☐ 의 자리 숫자이고,
☐ 을/를 나타냅니다.

**24** 170에서 7은 ☐ 의 자리 숫자이고,
☐ 을/를 나타냅니다.

**25** 619에서 9는 ☐ 의 자리 숫자이고,
☐ 을/를 나타냅니다.

**26** 235에서 2는 ☐ 의 자리 숫자이고,
☐ 을/를 나타냅니다.

**27** 425에서 5는 ☐ 의 자리 숫자이고,
☐ 을/를 나타냅니다.

**28** 502에서 5는 ☐ 의 자리 숫자이고,
☐ 을/를 나타냅니다.

**29** 863에서 6은 ☐ 의 자리 숫자이고,
☐ 을/를 나타냅니다.

**30** 255에서 2는 ☐ 의 자리 숫자이고,
☐ 을/를 나타냅니다.

**31** 543에서 4는 ☐ 의 자리 숫자이고,
☐ 을/를 나타냅니다.

**32** 374에서 3은 ☐ 의 자리 숫자이고,
☐ 을/를 나타냅니다.

**33** 417에서 1은 ☐ 의 자리 숫자이고,
☐ 을/를 나타냅니다.

**34** 394에서 4는 ☐ 의 자리 숫자이고,
☐ 을/를 나타냅니다.

**35** 128에서 8은 ☐ 의 자리 숫자이고,
☐ 을/를 나타냅니다.

| 맞힌 개수 | 나의 학습 결과에 ○표 하세요. | | | | QR 빠른정답 확인 |
|---|---|---|---|---|---|
| | 맞힌 개수 | 0~4개 | 5~18개 | 19~31개 | 32~35개 | |
| 개 /35개 | 학습 방법 | 다시 한번 풀어 봐요. | 계산 연습이 필요해요. | 틀린 문제를 확인해요. | 실수하지 않도록 집중해요. | |

# 4. 뛰어 세기

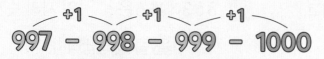

$$997 \xrightarrow{+1} 998 \xrightarrow{+1} 999 \xrightarrow{+1} 1000$$

999보다 1만큼 더 큰 수

쓰기 1000  읽기 천

100씩 뛰어 세면 백의 자리 수가 1씩 커지고,
10씩 뛰어 세면 십의 자리 수가 1씩 커지고,
1씩 뛰어 세면 일의 자리 수가 1씩 커져요.

🐾 100씩 뛰어서 세어 보세요.

1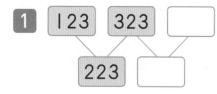
123  323  ☐
223  ☐

2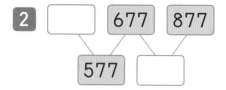
☐  677  877
577  ☐

3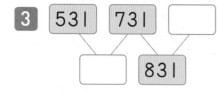
531  731  ☐
☐  831

4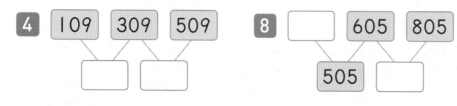
109  309  509
☐  ☐

5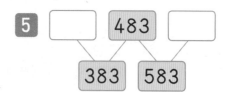
☐  483  ☐
383  583

6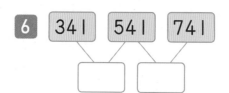
341  541  741
☐  ☐

7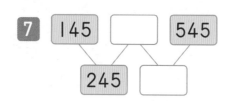
145  ☐  545
245  ☐

8
☐  605  805
505  ☐

🐾 10씩 뛰어서 세어 보세요.

9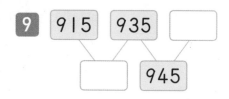
915  935  ☐
☐  945

10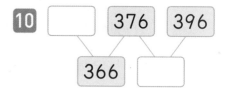
☐  376  396
366  ☐

11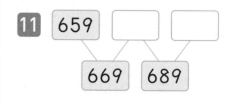
659  ☐  ☐
669  689

12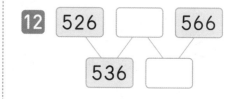
526  ☐  566
536  ☐

13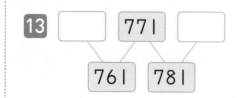
☐  771  ☐
761  781

**14**
| | 265 | |
255 275

🐑 1씩 뛰어서 세어 보세요.

**19** 817 □ □
818 820

**24** □ 998 □
997 999

**15** 417 437 457
□ □

**20** □ 775 777
774 □

**25** □ 655 □
654 656

**16** □ 158 □
148 168

**21** 245 □ 249
246 □

**26** 782 784 786
□ □

**17** 802 □ 842
812 □

**22** □ □ 534
531 533

**27** □ □ 455
452 454

**18** □ 534 554
524 □

**23** 332 334 336
□ □

**28** 186 188 □
□ 189

| 맞힌 개수 | 나의 학습 결과에 ○표 하세요. | | | | |
|---|---|---|---|---|---|
| | 맞힌 개수 | 0~3개 | 4~14개 | 15~25개 | 26~28개 |
| 개 /28개 | 학습 방법 | 다시 한번 풀어 봐요. | 계산 연습이 필요해요. | 틀린 문제를 확인해요. | 실수하지 않도록 집중해요. |

QR 빠른 정답 확인

1. 세 자리 수　21

🐏 뛰어서 세어 빈칸에 알맞은 수를 써넣으세요.

**1** | 230 | 330 | | | 630 |

> 몇씩 뛰어서 세었는지
> 규칙을 찾아 보세요.

**2** | 212 | 222 | 232 | | |

**3** | | | 927 | 937 | 947 |

**4** | 523 | | | 526 | 527 |

**5** | 412 | 512 | | | 812 |

**6** | 785 | | | 788 | 789 |

**7** | 428 | | 628 | 728 | |

**8** | 835 | | 855 | | |

**9** | | 622 | | | 652 |

**10** | 527 | | 727 | | |

**11** | 973 | | | 976 | |

**12** | | 318 | | | 321 |

**13** | 149 | 249 | | | |

**14** | 678 | | | 708 | |

**15** 996 997 [ ] 999 [ ]

[ ]씩 뛰어서 세었습니다.

**16** 844 854 [ ] 874 [ ]

[ ]씩 뛰어서 세었습니다.

**17** 176 [ ] [ ] 476 576

[ ]씩 뛰어서 세었습니다.

**18** [ ] 410 420 430 [ ]

[ ]씩 뛰어서 세었습니다.

**19** 511 611 [ ] [ ] 911

[ ]씩 뛰어서 세었습니다.

**20** 257 [ ] 259 260 [ ]

[ ]씩 뛰어서 세었습니다.

**21** 388 398 [ ] [ ] [ ]

[ ]씩 뛰어서 세었습니다.

**22** [ ] 623 [ ] [ ] 653

[ ]씩 뛰어서 세었습니다.

**23** 447 [ ] 647 [ ]

[ ]씩 뛰어서 세었습니다.

**24** 556 [ ] [ ] 559 [ ]

[ ]씩 뛰어서 세었습니다.

**25** [ ] [ ] 862 [ ] 864

[ ]씩 뛰어서 세었습니다.

**26** 222 [ ] [ ] [ ] 622

[ ]씩 뛰어서 세었습니다.

| 맞힌 개수 | 나의 학습 결과에 ○표 하세요. | | | | |
|---|---|---|---|---|---|
| | 맞힌 개수 | 0~3개 | 4~13개 | 14~23개 | 24~26개 |
| 개 /26개 | 학습 방법 | 다시 한번 풀어 봐요. | 계산 연습이 필요해요. | 틀린 문제를 확인해요. | 실수하지 않도록 집중해요. |

QR 빠른정답 확인

🐧 뛰어서 세어 빈칸에 알맞은 수를 써넣으세요.

**1** 921 — 931 — ☐ — ☐ — ☐

수가 점차 커지므로 뛰어서 세었어요!

**2** ☐ — 363 — 364 — ☐ — ☐

**3** 250 — 350 — ☐ — ☐ — ☐

**4** ☐ — ☐ — 363 — 463 — ☐

**5** ☐ — 883 — 882 — ☐ — ☐

수가 점차 작아지므로 거꾸로 뛰어서 세었어요!

**6** 580 — 570 — ☐ — ☐ — ☐

**7** ☐ — 648 — 548 — ☐ — ☐

**8** 996 — 997 — ☐ — ☐ — ☐

☐ 씩 뛰어서 세었습니다.

**9** ☐ — 122 — 132 — ☐ — ☐

☐ 씩 뛰어서 세었습니다.

**10** 358 — 458 — ☐ — ☐ — ☐

☐ 씩 뛰어서 세었습니다.

**11** 707 — 607 — ☐ — ☐ — ☐

☐ 씩 거꾸로 뛰어서 세었습니다.

**12** ☐ — ☐ — 432 — 422 — ☐

☐ 씩 거꾸로 뛰어서 세었습니다.

**13** ☐ — 683 — 673 — ☐ — ☐

☐ 씩 거꾸로 뛰어서 세었습니다.

**14** 191 — 190 — ☐ — ☐ — ☐

☐ 씩 거꾸로 뛰어서 세었습니다.

**연산 in 문장제**

정훈이는 300걸음을 걷고 100걸음씩 4번 더 걸었습니다. 정훈이가 모두 몇 걸음을 걸었는지 구해 보세요.

100씩 뛰어서 세면 백의 자리 수가 1씩 커져요!

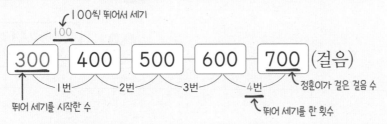

100씩 뛰어서 세기

300 — 400 — 500 — 600 — 700 (걸음)

1번　2번　3번　4번

뛰어 세기를 시작한 수　　뛰어 세기를 한 횟수　　정훈이가 걸은 걸음 수

**15** 색종이 217장이 들어 있는 상자에 색종이를 100장씩 5번 더 넣었습니다. 상자에 들어 있는 색종이는 모두 몇 장인지 구해 보세요.

→

답 _____

**16** 영화관에서 만화영화를 311회 상영하고 10회씩 6번 더 상영했습니다. 영화관에서 만화영화를 모두 몇 회 상영했는지 구해 보세요.

→

답 _____

**17** 컴퓨터 가게에서 컴퓨터를 890대 판매하고 1대씩 3번 더 판매했습니다. 컴퓨터 가게에서 판매한 컴퓨터는 모두 몇 대인지 구해 보세요.

→

답 _____

**18** 민서는 수학 문제를 104개 풀고 10개씩 2번 더 풀었습니다. 민서가 푼 수학 문제는 모두 몇 개인지 구해 보세요.

→

답 _____

| 맞힌 개수 | 나의 학습 결과에 ○표 하세요. | | | | |
|---|---|---|---|---|---|
| | 맞힌 개수 | 0~2개 | 3~9개 | 10~16개 | 17~18개 |
| 개 /18개 | 학습 방법 | 다시 한번 풀어 봐요. | 계산 연습이 필요해요. | 틀린 문제를 확인해요. | 실수하지 않도록 집중해요. |

QR 빠른정답 확인

백의 자리 수부터 비교하면
4 = 4

487 < 495

십의 자리 수를 비교하면
8 < 9

두 수의 크기를 비교할 때 백의 자리 수부터 비교해요.

**6** 422 ◯ 902

**7** 177 ◯ 287

**13** 183 ◯ 149

백의 자리 수가 같으면 십의 자리 수를 비교해요!

**14** 541 ◯ 514

◯ 안에 > 또는 <를 알맞게 써넣으세요.

**1** 231 ◯ 942

백의 자리 수부터 비교해요!

**8** 821 ◯ 586

**15** 700 ◯ 720

**2** 354 ◯ 104

**9** 523 ◯ 919

**16** 437 ◯ 425

**3** 778 ◯ 612

**10** 247 ◯ 136

**17** 229 ◯ 218

**4** 510 ◯ 310

**11** 795 ◯ 814

**18** 835 ◯ 872

**5** 175 ◯ 853

**12** 358 ◯ 600

**19** 658 ◯ 643

20 419 ◯ 429

27 328 ◯ 324

34 792 ◯ 793

백의 자리 수와 십의 자리 수가
각각 같으면 일의 자리 수를 비교해요!

21 110 ◯ 125

28 953 ◯ 958

35 471 ◯ 470

22 964 ◯ 941

29 557 ◯ 551

36 864 ◯ 866

23 372 ◯ 336

30 208 ◯ 203

37 533 ◯ 530

24 648 ◯ 639

31 617 ◯ 610

38 906 ◯ 900

25 753 ◯ 748

32 482 ◯ 486

39 347 ◯ 349

26 265 ◯ 223

33 857 ◯ 859

40 259 ◯ 252

| 맞힌 개수 | 나의 학습 결과에 ◯표 하세요. | | | | | QR 빠른정답 확인 |
|---|---|---|---|---|---|---|
| | 맞힌 개수 | 0~4개 | 5~20개 | 21~36개 | 37~40개 |  |
| 개 /40개 | 학습 방법 | 다시 한번 풀어 봐요. | 계산 연습이 필요해요. | 틀린 문제를 확인해요. | 실수하지 않도록 집중해요. | |

# 5. 두 수의 크기 비교

○ 안에 > 또는 <를 알맞게 써넣으세요.

**1** 303 ◯ 403

**2** 185 ◯ 167

**3** 525 ◯ 521

**4** 832 ◯ 614

**5** 490 ◯ 901

**6** 288 ◯ 246

**7** 847 ◯ 848

**8** 395 ◯ 399

**9** 553 ◯ 207

**10** 418 ◯ 436

**11** 764 ◯ 768

**12** 810 ◯ 594

**13** 927 ◯ 923

**14** 592 ◯ 511

**15** 656 ◯ 659

**16** 144 ◯ 128

**17** 327 ◯ 314

**18** 943 ◯ 375

**19** 562 ◯ 569

**20** 731 ◯ 740

**21** 156 ◯ 423

**연산 in 문장제**

꽃집에 튤립 432송이, 해바라기 722송이가 있습니다. 어느 꽃이 더 많은지 구해 보세요.

| | | | |
|---|---|---|---|
| 백의 자리 | 4 | < | 7 |
| 십의 자리 | 3 | | 2 |
| 일의 자리 | 2 | | 2 |

$$432 < 722$$

백의 자리 수를 비교하면 4 < 7

따라서 더 많은 꽃은 해바라기입니다.

---

**22** 포도주스는 950원이고 오렌지주스는 800원입니다. 어느 주스가 더 비싼지 구해 보세요.

답 _____

| | | | |
|---|---|---|---|
| 백의 자리 | | | |
| 십의 자리 | | | |
| 일의 자리 | | | |

---

**23** 식당에서 한 달 동안 된장찌개 235그릇, 김치찌개 238그릇을 팔았습니다. 어느 찌개가 더 많이 팔렸는지 구해 보세요.

답 _____

| | | | |
|---|---|---|---|
| 백의 자리 | | | |
| 십의 자리 | | | |
| 일의 자리 | | | |

---

**24** 놀이공원에서 회전목마를 탄 사람은 626명, 범퍼카를 탄 사람은 621명입니다. 사람들이 어느 놀이기구를 더 많이 탔는지 구해 보세요.

답 _____

| | | | |
|---|---|---|---|
| 백의 자리 | | | |
| 십의 자리 | | | |
| 일의 자리 | | | |

---

**25** 지학 미술관에는 그림 135점, 풍산 미술관에는 그림 172점이 전시되어 있습니다. 어느 미술관에 그림이 더 많이 전시되어 있는지 구해 보세요.

답 _____

| | | | |
|---|---|---|---|
| 백의 자리 | | | |
| 십의 자리 | | | |
| 일의 자리 | | | |

---

| 맞힌 개수 | 나의 학습 결과에 ○표 하세요. | | | |
|---|---|---|---|---|
| | 맞힌 개수 | 0~3개 | 4~13개 | 14~22개 | 23~25개 |
| 개 /25개 | 학습 방법 | 다시 한번 풀어 봐요. | 계산 연습이 필요해요. | 틀린 문제를 확인해요. | 실수하지 않도록 집중해요. |

QR 빠른정답 확인

# 6. 세 수의 크기 비교

백의 자리 수부터 비교하면

6 < 7

6̲3̲8̲   6̲8̲2̲   7̲51

십의 자리 수를 비교하면

3 < 8

세 수 중에서 가장 큰 수는 751이고,
가장 작은 수는 638입니다.

세 수의 크기를 비교할 때는
두 수씩 나누어 크기를
비교해도 돼요.

🍠 세 수의 크기를 비교하여
가장 큰 수를 찾아 ◯표
하세요.

**1** 194  104  159

**2** 455  492  491

**3** 783  509  788

**4** 842  925  971

**5** 362  170  319

**6** 260  618  300

**7** 713  122  819

**8** 510  278  504

**9** 834  881  799

**10** 679  515  930

**11** 233  434  335

**12** 928  177  463

🍠 세 수의 크기를 비교하여 가
장 작은 수를 찾아 △표 하
세요.

**13** 647  522  650

**14** 213  214  219

**15** 741  718  693

**16** 372  416  235

**17** 584  519  577

**18** 823  364  152

**19** 752  954  478

**20** 320 317 341

🐑 세 수의 크기를 비교하여 가장 큰 수에 ◯표, 가장 작은 수에 △표 하세요.

**27** 226 337 228

**34** 429 138 610

**21** 527 680 520

**28** 754 755 719

**35** 100 205 182

**22** 119 227 304

**29** 838 913 909

**36** 410 407 426

**23** 438 526 247

**30** 637 446 635

**37** 873 916 794

**24** 805 812 807

**31** 829 917 716

**38** 265 428 603

**25** 635 924 772

**32** 662 628 935

**39** 918 823 822

**26** 321 198 211

**33** 593 891 388

**40** 537 546 861

| 맞힌 개수 | 나의 학습 결과에 ◯표 하세요. | | | | QR 빠른정답 확인 |
|---|---|---|---|---|---|
| | 맞힌 개수 | 0~4개 | 5~20개 | 21~36개 | 37~40개 | |
| 개 /40개 | 학습 방법 | 다시 한번 풀어 봐요. | 계산 연습이 필요해요. | 틀린 문제를 확인해요. | 실수하지 않도록 집중해요. |  |

# 6. 세 수의 크기 비교

🐑 세 수의 크기를 비교하여 가장 큰 수부터 차례대로 써 보세요.

**1** 817 883 859

( , , )

**2** 193 187 200

( , , )

**3** 490 540 608

( , , )

**4** 711 598 682

( , , )

**5** 399 475 414

( , , )

**6** 776 698 967

( , , )

**7** 401 283 345

( , , )

**8** 512 486 557

( , , )

**9** 978 866 893

( , , )

**10** 218 178 308

( , , )

**11** 952 912 932

( , , )

**12** 791 785 800

( , , )

**13** 539 463 619

( , , )

**14** 164 587 386

( , , )

**15** 648 902 723

( , , )

**16** 136 241 158

( , , )

**17** 725 726 728

( , , )

**18** 312 274 457

( , , )

**19** 322 356 622

( , , )

**20** 616 590 810

( , , )

**21** 215 181 212

( , , )

## 연산 in 문장제

분식집에서 일주일 동안 야채김밥 267줄, 참치김밥 415줄, 소고기김밥 328줄을 판매하였습니다. 어느 김밥을 가장 많이 판매했는지 구해 보세요.

267   415   328

백의 자리 수를 비교하면 4가 제일 크다.

따라서 가장 많이 판매한 김밥은 참치김밥입니다.

|  |  | 백의 자리 | 십의 자리 | 일의 자리 |
|---|---|---|---|---|
| 267 | ⇨ | 2 | 6 | 7 |
| 415 | ⇨ | 4 | 1 | 5 |
| 328 | ⇨ | 3 | 2 | 8 |

---

**22** 도서관에 위인전 538권, 동화책 524권, 만화책 536권이 있습니다. 어느 책이 가장 많은지 구해 보세요.

답 _____

|  |  | 백의 자리 | 십의 자리 | 일의 자리 |
|---|---|---|---|---|
|  | ⇨ |  |  |  |
|  | ⇨ |  |  |  |
|  | ⇨ |  |  |  |

---

**23** 수목원에 소나무 303그루, 은행나무 221그루, 느티나무 185그루가 있습니다. 어느 나무가 가장 적은지 구해 보세요.

답 _____

|  |  | 백의 자리 | 십의 자리 | 일의 자리 |
|---|---|---|---|---|
|  | ⇨ |  |  |  |
|  | ⇨ |  |  |  |
|  | ⇨ |  |  |  |

---

**24** 피자 가게에서 한 달 동안 치즈피자 658판, 불고기피자 734판, 고구마피자 633판을 판매하였습니다. 어느 피자를 가장 적게 판매했는지 구해 보세요.

답 _____

|  |  | 백의 자리 | 십의 자리 | 일의 자리 |
|---|---|---|---|---|
|  | ⇨ |  |  |  |
|  | ⇨ |  |  |  |
|  | ⇨ |  |  |  |

---

**25** 신발 가게에 구두 870켤레, 운동화 920켤레, 장화 900켤레가 있습니다. 어느 신발이 가장 많은지 구해 보세요.

답 _____

|  |  | 백의 자리 | 십의 자리 | 일의 자리 |
|---|---|---|---|---|
|  | ⇨ |  |  |  |
|  | ⇨ |  |  |  |
|  | ⇨ |  |  |  |

---

| 맞힌 개수 | 나의 학습 결과에 ○표 하세요. |  |  |  |
|---|---|---|---|---|
| | 맞힌 개수 | 0~3개 | 4~13개 | 14~22개 | 23~25개 |
| 개 /25개 | 학습 방법 | 다시 한번 풀어 보아요. | 계산 연습이 필요해요. | 틀린 문제를 확인해요. | 실수하지 않도록 집중해요. |

QR 빠른정답 확인

🐦 알맞은 수를 쓰고 읽어 보세요.

**1**

| 100이 5개인 수 |
| --- |

쓰기 _____  읽기 _____

**2**

| 100이 7개, 10이 1개, 1이 5개인 수 |
| --- |

쓰기 _____  읽기 _____

**3**

| 100이 4개, 10이 3개, 1이 9개인 수 |
| --- |

쓰기 _____  읽기 _____

**4**

| 100이 8개, 10이 5개, 1이 6개인 수 |
| --- |

쓰기 _____  읽기 _____

**5**

| 100이 2개인 수 |
| --- |

쓰기 _____  읽기 _____

**6**

| 100이 9개, 10이 1개, 1이 2개인 수 |
| --- |

쓰기 _____  읽기 _____

🐦 ☐ 안에 알맞은 수나 말을 써넣으세요.

**7** 168에서 6은 ☐의 자리 숫자이고, ☐을/를 나타냅니다.

**8** 643에서 6은 ☐의 자리 숫자이고, ☐을/를 나타냅니다.

**9** 892에서 8은 ☐의 자리 숫자이고, ☐을/를 나타냅니다.

**10** 905에서 5는 ☐의 자리 숫자이고, ☐을/를 나타냅니다.

**11** 279에서 9는 ☐의 자리 숫자이고, ☐을/를 나타냅니다.

**12** 816에서 1은 ☐의 자리 숫자이고, ☐을/를 나타냅니다.

빈칸에 알맞은 수를 써넣으세요.

**13** 180 - 190 - ☐ - ☐ - ☐

☐ 씩 뛰어서 세었습니다.

**14** ☐ - ☐ - 752 - 753 - ☐

☐ 씩 뛰어서 세었습니다.

**15** 996 - ☐ - 998 - ☐ - ☐

☐ 씩 뛰어서 세었습니다.

**16** ☐ - ☐ - 594 - 694 - ☐

☐ 씩 뛰어서 세었습니다.

**17** ☐ - 610 - 710 - ☐ - ☐

☐ 씩 뛰어서 세었습니다.

**18** ☐ - ☐ - 426 - 436 - ☐

☐ 씩 뛰어서 세었습니다.

**19** 251 - 241 - ☐ - ☐ - ☐

☐ 씩 거꾸로 뛰어서 세었습니다.

**20** ☐ - 773 - 673 - ☐ - ☐

☐ 씩 거꾸로 뛰어서 세었습니다.

○ 안에 > 또는 <를 알맞게 써넣으세요.

**21** 652 ◯ 697

**22** 301 ◯ 214

**23** 528 ◯ 489

**24** 725 ◯ 728

세 수의 크기를 비교하여 가장 큰 수부터 차례대로 써 보세요.

**25**
146    165    138

(     ,     ,     )

**26**
220    550    315

(     ,     ,     )

**27**
947    921    943

(     ,     ,     )

**28**
732    449    627

(     ,     ,     )

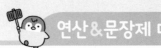 
**29** 알약이 한 통에 100알씩 들어 있습니다. 9통에 들어 있는 알약은 모두 몇 알인지 구해 보세요

답 _____

**30** 수박밭에서 하루에 수박 100통을 수확할 수 있습니다. 4일 동안 수확할 수 있는 수박은 모두 몇 통인지 구해 보세요.

답 _____

**31** 바지 공장에서 바지를 100벌씩 3번, 10벌씩 7번 만들고 2벌을 더 만들었습니다. 바지 공장에서 만든 바지는 모두 몇 벌인지 구해 보세요.

답 _____

**32** 딸기주스를 100병씩 8상자, 10병씩 2상자로 포장하였더니 5병이 남았습니다. 딸기주스는 모두 몇 병인지 구해 보세요.

답 _____

**33** 양말 가게에서 양말을 648켤레 판매했고 100켤레씩 3번을 더 판매했습니다. 양말 가게에서 판매한 양말은 모두 몇 켤레인지 구해 보세요.

답 _____

**34** 지학 마을에는 집이 134채, 풍산 마을에는 집이 129채 있습니다. 어느 마을에 집이 더 많은지 구해 보세요.

답 _____

**35** 크림빵은 850원, 단팥빵은 970원, 피자빵은 890원입니다. 어느 빵이 가장 비싼지 구해 보세요.

답 _____

연산 노트

---

| 맞힌 개수 | | 나의 학습 결과에 ○표 하세요. | | | QR 빠른정답 확인 |
|---|---|---|---|---|---|
| | 맞힌 개수 | 0~3개 | 4~17개 | 18~32개 | 33~35개 |
| 개 /35개 | 학습 방법 | 다시 한번 풀어 봐요. | 계산 연습이 필요해요. | 틀린 문제를 확인해요. | 실수하지 않도록 집중해요. |

# 2

# 덧셈

| 학습 주제 | 학습 일차 | 맞힌 개수 |
|---|---|---|
| | 01일 차 | /40 |
| 1. 받아올림이 있는 (두 자리 수)+(한 자리 수) | 02일 차 | /42 |
| | 03일 차 | /27 |
| | 04일 차 | /40 |
| 2. 일의 자리에서 받아올림이 있는 (두 자리 수)+(두 자리 수) | 05일 차 | /42 |
| | 06일 차 | /27 |
| | 07일 차 | /40 |
| 3. 십의 자리에서 받아올림이 있는 (두 자리 수) I (두 자리 수) | 08일 차 | /42 |
| | 09일 차 | /27 |
| | 10일 차 | /40 |
| 4. 받아올림이 두 번 있는 (두 자리 수)+(두 자리 수) | 11일 차 | /42 |
| | 12일 차 | /27 |
| | 13일 차 | /26 |
| 5. 여러 가지 방법으로 덧셈하기 | 14일 차 | /26 |
| 연산&문장제 마무리 | 15일 차 | /53 |

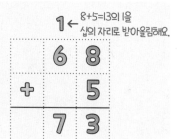

8+5=13의 1을
십의 자리로 받아올림해요.

$$
\begin{array}{cc}
& 1 \\
6 & 8 \\
+ & 5 \\
\hline
7 & 3 \\
\end{array}
$$

 일의 자리 수끼리의 합이
10이거나 10보다 크면
십의 자리로 받아올림하여 계산해요.

😊 계산해 보세요.

**1**
$$
\begin{array}{cc}
1 & 3 \\
+ & 9 \\
\hline
\end{array}
$$

**2**
$$
\begin{array}{cc}
1 & 5 \\
+ & 5 \\
\hline
\end{array}
$$

**3**
$$
\begin{array}{cc}
2 & 2 \\
+ & 9 \\
\hline
\end{array}
$$

**4**
$$
\begin{array}{cc}
2 & 6 \\
+ & 4 \\
\hline
\end{array}
$$

**5**
$$
\begin{array}{cc}
2 & 8 \\
+ & 7 \\
\hline
\end{array}
$$

**6**
$$
\begin{array}{cc}
3 & 7 \\
+ & 5 \\
\hline
\end{array}
$$

**7**
$$
\begin{array}{cc}
3 & 9 \\
+ & 2 \\
\hline
\end{array}
$$

**8**
$$
\begin{array}{cc}
4 & 1 \\
+ & 9 \\
\hline
\end{array}
$$

**9**
$$
\begin{array}{cc}
5 & 9 \\
+ & 2 \\
\hline
\end{array}
$$

**10**
$$
\begin{array}{cc}
6 & 3 \\
+ & 9 \\
\hline
\end{array}
$$

**11**
$$
\begin{array}{cc}
6 & 8 \\
+ & 6 \\
\hline
\end{array}
$$

**12**
$$
\begin{array}{cc}
7 & 6 \\
+ & 8 \\
\hline
\end{array}
$$

**13**
$$
\begin{array}{cc}
1 & 9 \\
+ & 8 \\
\hline
\end{array}
$$

**14**
$$
\begin{array}{cc}
2 & 4 \\
+ & 7 \\
\hline
\end{array}
$$

**15**
$$
\begin{array}{cc}
3 & 2 \\
+ & 8 \\
\hline
\end{array}
$$

**16**
$$
\begin{array}{cc}
3 & 6 \\
+ & 5 \\
\hline
\end{array}
$$

**17**
$$
\begin{array}{cc}
4 & 3 \\
+ & 8 \\
\hline
\end{array}
$$

**18**
$$
\begin{array}{cc}
4 & 6 \\
+ & 6 \\
\hline
\end{array}
$$

**19**
$$
\begin{array}{cc}
5 & 7 \\
+ & 3 \\
\hline
\end{array}
$$

20
```
    5 9
+     9
─────────
```

21
```
    6 4
+     8
─────────
```

22
```
    7 5
+     7
─────────
```

23
```
    7 8
+     6
─────────
```

24
```
    8 2
+     9
─────────
```

25
```
    8 4
+     6
─────────
```

26
```
    8 9
+     7
─────────
```

27  12+9

28  17+5

29  23+8

30  27+7

31  33+9

32  38+7

33  45+6

34  58+8

35  65+6

36  67+5

37  73+9

38  79+4

39  81+9

40  86+8

| 맞힌 개수 | 나의 학습 결과에 ○표 하세요. | | | | QR 빠른 정답 확인 |
|---|---|---|---|---|---|
| 개 /40개 | 맞힌 개수 | 0~4개 | 5~20개 | 21~36개 | 37~40개 | |
| | 학습 방법 | 다시 한번 풀어 봐요. | 계산 연습이 필요해요. | 틀린 문제를 확인해요. | 실수하지 않도록 집중해요. | |

🫘 계산해 보세요.

**1**
```
    1 1
+     9
```

> 십의 자리 계산에서 받아올림한 수를 잊지 말고 더해요!

**8**
```
    3 5
+     6
```

**15**
```
      7
+   5 8
```

> (한 자리 수)+(두 자리 수)도 (두 자리 수)+(한 자리 수)처럼 십의 자리로 받아올림하여 계산해요!

**2**
```
    1 3
+     8
```

**9**
```
    3 9
+     6
```

**16**
```
      8
+   6 2
```

**3**
```
    1 7
+     6
```

**10**
```
    4 5
+     7
```

**17**
```
      7
+   6 4
```

**4**
```
    2 3
+     9
```

**11**
```
    4 7
+     6
```

**18**
```
      6
+   7 6
```

**5**
```
    2 5
+     5
```

**12**
```
    4 9
+     1
```

**19**
```
      8
+   7 7
```

**6**
```
    2 8
+     8
```

**13**
```
    5 4
+     9
```

**20**
```
      7
+   8 3
```

**7**
```
    3 4
+     9
```

**14**
```
    5 6
+     6
```

**21**
```
      4
+   8 7
```

22 14+6

23 16+8

24 18+3

25 21+9

26 25+7

27 27+6

28 35+8

29 37+7

30 42+9

31 44+8

32 48+9

33 53+7

34 55+8

35 58+4

36 9+62

37 1+69

38 8+72

39 6+75

40 8+78

41 7+84

42 5+88

| 맞힌 개수 | 나의 학습 결과에 ○표 하세요. | | | | QR 빠른 정답 확인 |
|---|---|---|---|---|---|
| | 맞힌 개수 | 0~4개 | 5~21개 | 22~38개 | 39~42개 | |
| 개 / 42개 | 학습 방법 | 다시 한번 풀어 봐요. | 계산 연습이 필요해요. | 틀린 문제를 확인해요. | 실수하지 않도록 집중해요. | |

🐛 계산해 보세요.

**1**
```
    1 2
  +   8
```

**2**
```
    2 9
  +   9
```

**3**
```
    3 4
  +   8
```

**4**
```
    3 6
  +   7
```

**5**
```
    4 5
  +   9
```

**6**
```
    4 6
  +   5
```

**7**
```
    5 1
  +   9
```

**8**
```
      7
  + 5 5
```

**9**
```
      9
  + 6 4
```

**10**
```
      7
  + 6 8
```

**11**
```
      6
  + 7 4
```

**12**
```
      2
  + 7 9
```

**13**
```
      8
  + 8 3
```

**14**
```
      6
  + 8 9
```

**15** $19+3$

**16** $24+8$

**17** $31+9$

**18** $44+7$

**19** $6+57$

**20** $8+65$

**21** $9+77$

## 연산 in 문장제

놀이터에 15명의 남자 어린이와 7명의 여자 어린이가 놀고 있습니다.
놀이터에서 놀고 있는 어린이는 모두 몇 명인지 구해 보세요.

$$15 + 7 = 22(명)$$

남자 어린이   여자 어린이   전체 어린이
수             수             수

|   | 1 | 5 |
|---|---|---|
| + |   | 7 |
|   | 2 | 2 |

---

**22** 달걀 26알을 사용하여 빵을 만들고 달걀 6알을 사용하여 쿠키를 만들었습니다. 사용한 달걀은 모두 몇 알인지 구해 보세요.

➡ ＋

답 _____

---

**23** 수족관에 금붕어 35마리와 잉어 9마리가 있습니다. 수족관에 있는 금붕어와 잉어는 모두 몇 마리인지 구해 보세요.

➡ ＋

답 _____

---

**24** 서우는 수학 문제를 49개 풀고 8개를 더 풀었습니다. 서우가 푼 수학 문제는 모두 몇 개인지 구해 보세요.

➡ ＋

답 _____

---

**25** 윤재는 위인전을 56쪽 읽고 8쪽을 더 읽었습니다. 윤재가 읽은 위인전은 모두 몇 쪽인지 구해 보세요.

➡ ＋

답 _____

---

**26** 편의점에서 어제는 과자 61봉지를 판매하였고 오늘은 어제보다 9봉지를 더 판매하였습니다. 오늘 판매한 과자는 모두 몇 봉지인지 구해 보세요.

➡ ＋

답 _____

---

**27** 책장에 동화책 78권과 만화책 7권이 있습니다. 책장에 있는 동화책과 만화책은 모두 몇 권인지 구해 보세요.

➡ ＋

답 _____

---

| 맞힌 개수 | 나의 학습 결과에 ○표 하세요. | | | | |
|---|---|---|---|---|---|
| | 맞힌 개수 | 0~3개 | 4~14개 | 15~24개 | 25~27개 |
| 개 /27개 | 학습 방법 | 다시 한번 풀어 봐요. | 계산 연습이 필요해요. | 틀린 문제를 확인해요. | 실수하지 않도록 집중해요. |

QR 빠른정답 확인

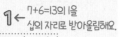

7+6=13의 1을
십의 자리로 받아올림해요.

```
      2  7
  +   3  6
  ─────────
      6  3
```

일의 자리 수끼리의 합이
10이거나 10보다 크면 십의 자리로
받아올림하여 계산해요.

🌰 계산해 보세요.

**1**
```
      1  2
  +   2  9
  ─────────
```

**2**
```
      1  6
  +   1  5
  ─────────
```

**3**
```
      2  3
  +   3  8
  ─────────
```

**4**
```
      2  5
  +   4  7
  ─────────
```

**5**
```
      3  5
  +   1  8
  ─────────
```

**6**
```
      3  7
  +   2  8
  ─────────
```

**7**
```
      4  4
  +   2  6
  ─────────
```

**8**
```
      4  5
  +   4  9
  ─────────
```

**9**
```
      5  2
  +   3  9
  ─────────
```

**10**
```
      5  6
  +   1  6
  ─────────
```

**11**
```
      6  4
  +   1  7
  ─────────
```

**12**
```
      6  9
  +   2  1
  ─────────
```

**13**
```
      1  3
  +   1  7
  ─────────
```

**14**
```
      1  4
  +   3  8
  ─────────
```

**15**
```
      2  5
  +   3  5
  ─────────
```

**16**
```
      2  9
  +   5  4
  ─────────
```

**17**
```
      3  3
  +   4  8
  ─────────
```

**18**
```
      3  6
  +   5  9
  ─────────
```

**19**
```
      4  2
  +   1  9
  ─────────
```

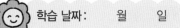 

| 20 | 4 9<br>+ 3 7 | 27 | 15+65 | 34 | 46+16 |
| 21 | 5 3<br>+ 1 7 | 28 | 19+29 | 35 | 57+28 |
| 22 | 5 5<br>+ 2 6 | 29 | 24+56 | 36 | 59+17 |
| 23 | 6 3<br>+ 2 9 | 30 | 25+45 | 37 | 64+26 |
| 24 | 6 5<br>+ 2 5 | 31 | 34+39 | 38 | 68+28 |
| 25 | 7 2<br>+ 1 9 | 32 | 37+17 | 39 | 75+16 |
| 26 | 7 8<br>+ 1 6 | 33 | 43+28 | 40 | 77+15 |

**맞힌 개수**

개 / 40개

**나의 학습 결과에 ○표 하세요.**

| 맞힌 개수 | 0~4개 | 5~20개 | 21~36개 | 37~40개 |
|---|---|---|---|---|
| 학습<br>방법 | 다시 한번<br>풀어 봐요. | 계산 연습이<br>필요해요. | 틀린 문제를<br>확인해요. | 실수하지 않도록<br>집중해요. |

QR 빠른정답 확인

🐷 계산해 보세요.

**1**
```
   1 3
+  2 8
```

자리를 맞추어 같은 자리 수끼리 더해요!

**2**
```
   1 5
+  1 5
```

**3**
```
   1 8
+  2 4
```

**4**
```
   2 1
+  2 9
```

**5**
```
   2 6
+  4 7
```

**6**
```
   2 9
+  3 5
```

**7**
```
   3 2
+  3 8
```

**8**
```
   3 4
+  1 7
```

**9**
```
   3 6
+  2 6
```

**10**
```
   4 3
+  4 7
```

**11**
```
   4 5
+  1 8
```

**12**
```
   4 6
+  2 9
```

**13**
```
   5 3
+  2 8
```

**14**
```
   5 8
+  1 9
```

**15**
```
   5 9
+  3 2
```

**16**
```
   6 2
+  2 8
```

**17**
```
   6 5
+  1 7
```

**18**
```
   6 7
+  2 7
```

**19**
```
   7 6
+  1 4
```

**20**
```
   7 8
+  1 3
```

**21**
```
   7 9
+  1 9
```

22  16+27

29  37+13

36  58+15

23  17+35

30  39+22

37  64+19

24  19+13

31  42+38

38  66+16

25  22+58

32  47+45

39  69+29

26  24+29

33  49+28

40  74+18

27  28+14

34  56+25

41  75+15

28  35+46

35  57+38

42  77+17

| 맞힌 개수 | 나의 학습 결과에 ○표 하세요. | | | | QR 빠른정답 확인 |
|---|---|---|---|---|---|
| | 맞힌 개수 | 0~4개 | 5~21개 | 22~38개 | 39~42개 |
| 개 / 42개 | 학습 방법 | 다시 한번 풀어 봐요. | 계산 연습이 필요해요. | 틀린 문제를 확인해요. | 실수하지 않도록 집중해요. |

🐹 계산해 보세요.

**1**
```
   1 8
 + 7 7
```

**2**
```
   1 9
 + 4 6
```

**3**
```
   2 5
 + 5 5
```

**4**
```
   2 6
 + 6 8
```

**5**
```
   3 3
 + 3 7
```

**6**
```
   3 9
 + 1 5
```

**7**
```
   4 4
 + 4 7
```

**8**
```
   4 8
 + 3 5
```

**9**
```
   5 3
 + 3 7
```

**10**
```
   5 9
 + 3 8
```

**11**
```
   6 6
 + 2 5
```

**12**
```
   6 8
 + 1 4
```

**13**
```
   7 1
 + 1 9
```

**14**
```
   7 5
 + 1 7
```

**15** 14+29

**16** 28+46

**17** 33+58

**18** 49+17

**19** 52+29

**20** 67+26

**21** 73+18

**연산 in 문장제**

윤우는 딱지 16장을 모았고 민서는 딱지 19장을 모았습니다. 윤우와 민서가 모은 딱지는 모두 몇 장인지 구해 보세요.

$$\underset{\substack{\uparrow \\ \text{윤우가 모은} \\ \text{딱지 수}}}{16} + \underset{\substack{\uparrow \\ \text{민서가 모은} \\ \text{딱지 수}}}{19} = \underset{\substack{\uparrow \\ \text{윤우와 민서가 모은} \\ \text{딱지 수}}}{35}\text{(장)}$$

```
    1 6
 +  1 9
 ─────
    3 5
```

**22** 신발장에 운동화 26켤레, 구두 14켤레가 있습니다. 신발장에 있는 운동화와 구두는 모두 몇 켤레인지 구해 보세요.

답 _____

**23** 바닷가에 갈매기 38마리가 있는데 24마리가 더 날아왔습니다. 바닷가에 있는 갈매기는 모두 몇 마리인지 구해 보세요.

답 _____

**24** 편의점에서 탄산 음료 47캔, 이온 음료 38캔을 판매했습니다. 편의점에서 판매한 탄산 음료와 이온 음료는 모두 몇 캔인지 구해 보세요.

답 _____

**25** 도서관에 위인전 55권, 백과사전 36권이 있습니다. 도서관에 있는 위인전과 백과사전은 모두 몇 권인지 구해 보세요.

답 _____

**26** 어른용 마스크 63장, 어린이용 마스크 27장을 구입했습니다. 구입한 어른용 마스크와 어린이용 마스크는 모두 몇 장인지 구해 보세요.

답 _____

**27** 과일주스 전문점에서 딸기주스 79잔, 키위주스 15잔을 판매했습니다. 판매한 딸기주스와 키위주스는 모두 몇 잔인지 구해 보세요.

답 _____

| 맞힌 개수 | 나의 학습 결과에 ○표 하세요. | | | | QR 빠른정답 확인 |
|---|---|---|---|---|---|
| | 맞힌 개수 | 0~3개 | 4~14개 | 15~24개 | 25~27개 | |
| 개 /27개 | 학습 방법 | 다시 한번 풀어 봐요. | 계산 연습이 필요해요. | 틀린 문제를 확인해요. | 실수하지 않도록 집중해요. | |

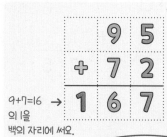

```
    9  5
 +  7  2
─────────
 1  6  7
```

9+7=16 →
의 1을
백의 자리에 써요.

십의 자리 수끼리의 합이
100이거나 10보다 크면
백의 자리로 받아올림하여
계산해요.

🐽 계산해 보세요.

**1**
```
    1  1
 +  9  3
─────────
```

**2**
```
    2  5
 +  8  4
─────────
```

**3**
```
    3  6
 +  7  1
─────────
```

**4**
```
    4  4
 +  9  4
─────────
```

**5**
```
    5  7
 +  6  0
─────────
```

**6**
```
    6  2
 +  7  4
─────────
```

**7**
```
    7  6
 +  5  3
─────────
```

**8**
```
    7  8
 +  3  1
─────────
```

**9**
```
    8  0
 +  9  0
─────────
```

**10**
```
    8  8
 +  7  1
─────────
```

**11**
```
    9  2
 +  2  6
─────────
```

**12**
```
    9  7
 +  5  2
─────────
```

**13**
```
    1  4
 +  9  5
─────────
```

**14**
```
    2  3
 +  8  2
─────────
```

**15**
```
    3  4
 +  7  3
─────────
```

**16**
```
    4  7
 +  8  1
─────────
```

**17**
```
    5  4
 +  8  2
─────────
```

**18**
```
    5  6
 +  9  2
─────────
```

**19**
```
    6  3
 +  7  5
─────────
```

20
```
    6 5
  + 6 2
  ─────
```

21
```
    7 7
  + 5 1
  ─────
```

22
```
    7 9
  + 4 0
  ─────
```

23
```
    8 2
  + 6 2
  ─────
```

24
```
    8 5
  + 3 2
  ─────
```

25
```
    9 3
  + 6 3
  ─────
```

26
```
    9 8
  + 8 1
  ─────
```

27  13+95

28  17+92

29  21+91

30  28+81

31  31+94

32  35+82

33  42+93

34  45+70

35  51+92

36  53+84

37  61+55

38  72+87

39  83+44

40  91+92

| 맞힌 개수 | 나의 학습 결과에 ○표 하세요. | | | |
|---|---|---|---|---|
| | 맞힌 개수 | 0~4개 | 5~20개 | 21~36개 | 37~40개 |
| 개 /40개 | 학습 방법 | 다시 한번 풀어 봐요. | 계산 연습이 필요해요. | 틀린 문제를 확인해요. | 실수하지 않도록 집중해요. |

QR 빠른정답 확인

🍞 계산해 보세요.

1
```
    1 6
 +  9 2
```

십의 자리에서
받아올림이 있으면
백의 자리에 1을
써서 계산해요!

8
```
    5 5
 +  7 3
```

15
```
    7 7
 +  7 2
```

2
```
    2 4
 +  8 3
```

9
```
    5 8
 +  9 1
```

16
```
    8 1
 +  3 4
```

3
```
    3 0
 +  7 5
```

10
```
    6 1
 +  5 3
```

17
```
    8 4
 +  2 1
```

4
```
    3 7
 +  8 1
```

11
```
    6 6
 +  4 3
```

18
```
    8 5
 +  6 3
```

5
```
    4 1
 +  7 8
```

12
```
    6 9
 +  7 0
```

19
```
    9 1
 +  8 1
```

6
```
    4 7
 +  8 2
```

13
```
    7 2
 +  9 3
```

20
```
    9 3
 +  3 3
```

7
```
    5 2
 +  6 2
```

14
```
    7 3
 +  4 2
```

21
```
    9 6
 +  4 1
```

22 12+95

23 22+80

24 31+72

25 35+94

26 43+65

27 46+82

28 51+71

29 53+95

30 57+62

31 64+44

32 65+72

33 68+51

34 71+42

35 74+54

36 76+73

37 82+86

38 83+23

39 87+42

40 94+25

41 95+63

42 99+10

| 맞힌 개수 | 나의 학습 결과에 ○표 하세요. | | | | |
|---|---|---|---|---|---|
| | 맞힌 개수 | 0~4개 | 5~21개 | 22~38개 | 39~42개 |
| 개 /42개 | 학습 방법 | 다시 한번 풀어 봐요. | 계산 연습이 필요해요. | 틀린 문제를 확인해요. | 실수하지 않도록 집중해요. |

QR 빠른 정답 확인

🐹 계산해 보세요.

**1**
```
   1 1
+  9 4
```

**2**
```
   2 6
+  8 3
```

**3**
```
   3 4
+  7 4
```

**4**
```
   4 3
+  8 2
```

**5**
```
   4 8
+  9 1
```

**6**
```
   5 2
+  7 2
```

**7**
```
   5 4
+  6 3
```

**8**
```
   6 5
+  5 1
```

**9**
```
   6 0
+  8 2
```

**10**
```
   7 3
+  8 1
```

**11**
```
   7 5
+  3 1
```

**12**
```
   8 4
+  9 5
```

**13**
```
   8 6
+  2 2
```

**14**
```
   9 3
+  6 2
```

**15** 19+90

**16** 24+82

**17** 38+71

**18** 56+73

**19** 64+53

**20** 77+42

**21** 81+61

## 연산 in 문장제

놀이공원에서 회전목마를 탄 어른은 15명이고 어린이는 93명입니다. 회전목마를 탄 어른과 어린이는 모두 몇 명인지 구해 보세요.

$$15 + 93 = 108(명)$$

| | 1 | 5 |
|---|---|---|
| + | 9 | 3 |
| 1 | 0 | 8 |

회전목마를 탄 어른 수 / 회전목마를 탄 어린이 수 / 회전목마를 탄 어른과 어린이 수

22 색종이 상자에 빨간색 색종이가 23장, 노란색 색종이가 81장이 있습니다. 색종이 상자에 있는 빨간색 색종이와 노란색 색종이는 모두 몇 장인지 구해 보세요.

➡ | | | |
|---|---|---|
| + | | |

답 _____

23 문구점에 연필 32자루, 색연필 76자루가 있습니다. 문구점에 있는 연필과 색연필은 모두 몇 자루인지 구해 보세요.

➡ | | | |
|---|---|---|
| + | | |

답 _____

24 상자에 빨간 구슬 44개, 파란 구슬 84개가 들어 있습니다. 상자에 들어 있는 빨간 구슬과 파란 구슬은 모두 몇 개인지 구해 보세요.

➡ | | | |
|---|---|---|
| + | | |

답 _____

25 빵집에서 하루 동안 판매한 식빵은 60개, 크림빵은 40개입니다. 빵집에서 하루 동안 판매한 식빵과 크림빵은 모두 몇 개인지 구해 보세요.

➡ | | | |
|---|---|---|
| + | | |

답 _____

26 주차장의 1층에는 자동차 86대가 있고 2층에는 자동차 33대가 있습니다. 주차장의 1층과 2층에 있는 자동차는 모두 몇 대인지 구해 보세요.

➡ | | | |
|---|---|---|
| + | | |

답 _____

27 목장에 양 92마리, 염소 87마리가 있습니다. 목장에 있는 양과 염소는 모두 몇 마리인지 구해 보세요.

➡ | | | |
|---|---|---|
| + | | |

답 _____

| 맞힌 개수 | 나의 학습 결과에 ○표 하세요. | | | | |
|---|---|---|---|---|---|
| | 맞힌 개수 | 0~3개 | 4~14개 | 15~24개 | 25~27개 |
| 개 / 27개 | 학습 방법 | 다시 한번 풀어 봐요. | 계산 연습이 필요해요. | 틀린 문제를 확인해요. | 실수하지 않도록 집중해요. |

QR 빠른 정답 확인

## 4. 받아올림이 두 번 있는 (두 자리 수)+(두 자리 수)

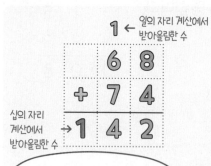

1 ← 일의 자리 계산에서 받아올림한 수

```
    6 8
  + 7 4
───────
1 4 2
```

십의 자리 계산에서 → 1 받아올림한 수

같은 자리 수끼리의 합이 10이거나 10보다 크면 바로 윗자리로 받아올림하여 계산해요.

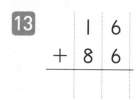

🍡 계산해 보세요.

**1**
```
  1 5
+ 9 6
```

**2**
```
  1 7
+ 9 3
```

**3**
```
  2 4
+ 8 9
```

**4**
```
  2 9
+ 9 2
```

**5**
```
  3 3
+ 7 8
```

**6**
```
  3 6
+ 8 7
```

**7**
```
  4 5
+ 6 5
```

**8**
```
  5 2
+ 8 9
```

**9**
```
  6 9
+ 5 3
```

**10**
```
  7 5
+ 4 8
```

**11**
```
  8 8
+ 5 8
```

**12**
```
  9 4
+ 2 7
```

**13**
```
  1 6
+ 8 6
```

**14**
```
  2 8
+ 9 7
```

**15**
```
  3 7
+ 8 5
```

**16**
```
  4 3
+ 6 7
```

**17**
```
  5 1
+ 7 9
```

**18**
```
  5 4
+ 9 9
```

**19**
```
  6 3
+ 4 9
```

20
```
    6 6
  + 5 5
```

21
```
    7 2
  + 5 8
```

22
```
    7 7
  + 4 7
```

23
```
    8 4
  + 5 9
```

24
```
    8 9
  + 6 3
```

25
```
    9 6
  + 5 8
```

26
```
    9 8
  + 3 9
```

27  13+97

28  19+87

29  22+98

30  25+85

31  34+89

32  35+76

33  46+68

34  48+62

35  56+79

36  67+64

37  78+35

38  82+58

39  91+29

40  97+45

| 맞힌 개수 | 나의 학습 결과에 ○표 하세요. | | | | QR 빠른정답 확인 |
|---|---|---|---|---|---|
| 개 /40개 | 맞힌 개수 | 0~4개 | 5~20개 | 21~36개 | 37~40개 |
| | 학습 방법 | 다시 한번 풀어 봐요. | 계산 연습이 필요해요. | 틀린 문제를 확인해요. | 실수하지 않도록 집중해요. |

🥦 계산해 보세요.

1
```
    1 1
  + 9 9
```
일의 자리를 계산하고
십의 자리를 계산해요!

8
```
    4 7
  + 7 8
```

15
```
    7 6
  + 9 6
```

2
```
    1 7
  + 8 4
```

9
```
    5 3
  + 8 9
```

16
```
    8 1
  + 7 9
```

3
```
    2 3
  + 9 7
```

10
```
    5 5
  + 6 7
```

17
```
    8 3
  + 4 8
```

4
```
    2 6
  + 8 7
```

11
```
    6 2
  + 4 9
```

18
```
    8 4
  + 3 9
```

5
```
    3 5
  + 6 5
```

12
```
    6 4
  + 5 8
```

19
```
    9 2
  + 9 8
```

6
```
    3 8
  + 7 9
```

13
```
    7 3
  + 7 8
```

20
```
    9 4
  + 3 6
```

7
```
    4 2
  + 6 8
```

14
```
    7 4
  + 6 6
```

21
```
    9 5
  + 2 7
```

22 12+98

29 34+78

36 58+46

23 16+97

30 39+86

37 61+69

24 19+89

31 43+97

38 65+88

25 25+96

32 48+77

39 75+95

26 27+85

33 49+57

40 79+72

27 28+73

34 54+59

41 87+37

28 31+69

35 56+76

42 94+18

| 맞힌 개수 | 나의 학습 결과에 ○표 하세요. | | | | | QR 빠른정답 확인 |
|---|---|---|---|---|---|---|
| | 맞힌 개수 | 0~4개 | 5~21개 | 22~38개 | 39~42개 | |
| 개 / 42개 | 학습 방법 | 다시 한번 풀어 봐요. | 계산 연습이 필요해요. | 틀린 문제를 확인해요. | 실수하지 않도록 집중해요. |  |

## 4. 받아올림이 두 번 있는 (두 자리 수)+(두 자리 수)

🐹 계산해 보세요.

**1**
```
    1 3
+   8 8
```

**2**
```
    2 1
+   9 9
```

**3**
```
    3 2
+   7 9
```

**4**
```
    4 4
+   8 7
```

**5**
```
    5 3
+   6 8
```

**6**
```
    5 7
+   4 7
```

**7**
```
    6 4
+   5 9
```

**8**
```
    6 5
+   6 9
```

**9**
```
    7 6
+   7 5
```

**10**
```
    7 8
+   4 9
```

**11**
```
    8 5
+   3 5
```

**12**
```
    8 6
+   5 6
```

**13**
```
    9 6
+   3 8
```

**14**
```
    9 8
+   9 5
```

**15** 14+86

**16** 29+83

**17** 36+77

**18** 45+66

**19** 58+93

**20** 68+94

**21** 71+39

**연산 in 문장제**

체육관에 있는 축구공은 24개이고 탁구공은 축구공보다 86개 더 많이 있습니다. 체육관에 있는 탁구공은 모두 몇 개인지 구해 보세요.

$$\underset{\substack{\uparrow \\ 축구공 \\ 수}}{24} + \underset{\substack{\uparrow \\ 축구공보다 \\ 더 많이 있는 \\ 탁구공 수}}{86} = \underset{\substack{\uparrow \\ 전체 \\ 탁구공 수}}{110}(개)$$

```
    2  4
 +  8  6
 ─────────
 1  1  0
```

22 수목원에 밤나무는 15그루가 있고 소나무는 밤나무보다 97그루 더 많이 있습니다. 수목원에 있는 소나무는 모두 몇 그루인지 구해 보세요.

답 _____

23 승원이는 동화책 37쪽, 예은이는 동화책 68쪽을 읽었습니다. 승원이와 예은이가 읽은 동화책은 모두 몇 쪽인지 구해 보세요.

답 _____

24 편의점에 초코우유 46개, 딸기우유 55개가 있습니다. 편의점에 있는 초코우유와 딸기우유는 모두 몇 개인지 구해 보세요.

답 _____

25 농장에 닭 59마리, 병아리 72마리가 있습니다. 농장에 있는 닭과 병아리는 모두 몇 마리인지 구해 보세요.

답 _____

26 양말 공장에서 어제는 양말 87켤레, 오늘은 양말 67켤레를 생산하였습니다. 양말 공장에서 어제와 오늘 생산한 양말은 모두 몇 켤레인지 구해 보세요.

답 _____

27 지학 마을에 사는 초등학생은 97명, 풍산 마을에 사는 초등학생은 89명입니다. 지학 마을과 풍산 마을에 사는 초등학생은 모두 몇 명인지 구해 보세요.

답 _____

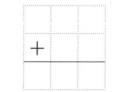

| 맞힌 개수 | 나의 학습 결과에 ○표 하세요. | | | | QR 빠른정답 확인 |
|---|---|---|---|---|---|
| | 맞힌 개수 | 0~3개 | 4~14개 | 15~24개 | 25~27개 | |
| 개 /27개 | 학습 방법 | 다시 한번 풀어 보요. | 계산 연습이 필요해요. | 틀린 문제를 확인해요. | 실수하지 않도록 집중해요. | |

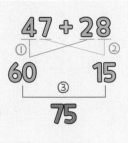

방법1

십의 자리 수끼리, 일의 자리 수끼리 더해서 계산해요.

방법2

47에 20을 먼저 더하고 8을 더해서 계산해요.

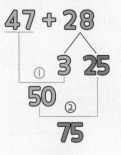

방법3

28을 3과 25로 가른 후 47에 3을 먼저 더하고 25를 더해서 계산해요.

☺ ☐ 안에 알맞은 수를 써넣으세요.

**1** 14 + 37

40   11

**2** 29 + 26

**3** 38 + 65

**4** 46 + 59

**5** 53 + 18

**6** 67 + 34

**7** 12 + 49

52

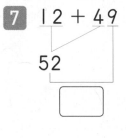

**8** 15 + 35

**9** 27 + 54

**10** 39 + 36

**11** 43 + 17

12 　48 + 42
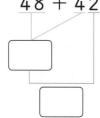

13 　56 + 28
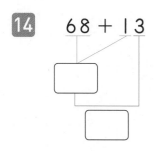

14 　68 + 13

15 　79 + 24
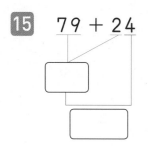

16 　85 + 19

17 　16 + 28
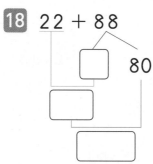
4　24
20

18 　22 + 88
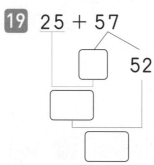
80

19 　25 + 57
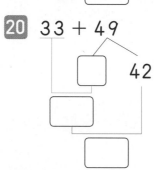
52

20 　33 + 49
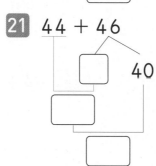
42

21 　44 + 46

40

22 　55 + 45
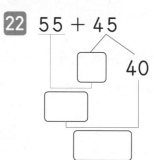
40

23 　66 + 96
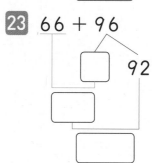
92

24 　78 + 23
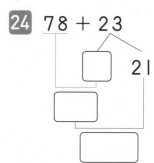
21

25 　84 + 69
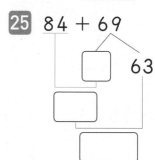
63

26 　89 + 13
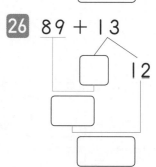
12

| 맞힌 개수 | 나의 학습 결과에 ○표 하세요. | | | | QR 빠른정답 확인 |
|---|---|---|---|---|---|
| | 맞힌 개수 | 0~3개 | 4~13개 | 14~23개 | 24~26개 | |
| 개 /26개 | 학습 방법 | 다시 한번 풀어 봐요. | 계산 연습이 필요해요. | 틀린 문제를 확인해요. | 실수하지 않도록 집중해요. | |

🐹 ☐ 안에 알맞은 수를 써넣으세요.

**1**　$15+28=15+\boxed{\phantom{0}}+23$

$=\boxed{\phantom{0}}+23$

$=\boxed{\phantom{0}}$

**2**　$16+77=10+6+\boxed{\phantom{0}}+7$

$=\boxed{\phantom{0}}+13$

$=\boxed{\phantom{0}}$

**3**　$21+19=21+\boxed{\phantom{0}}+9$

$=\boxed{\phantom{0}}+9$

$=\boxed{\phantom{0}}$

**4**　$27+34=27+\boxed{\phantom{0}}+4$

$=\boxed{\phantom{0}}+4$

$=\boxed{\phantom{0}}$

**5**　$35+75=35+\boxed{\phantom{0}}+70$

$=\boxed{\phantom{0}}+70$

$=\boxed{\phantom{0}}$

**6**　$38+78=38+\boxed{\phantom{0}}+76$

$=\boxed{\phantom{0}}+76$

$=\boxed{\phantom{0}}$

**7**　$45+57=45+\boxed{\phantom{0}}+7$

$=\boxed{\phantom{0}}+7$

$=\boxed{\phantom{0}}$

**8**　$47+13=40+\boxed{\phantom{0}}+10+3$

$=50+\boxed{\phantom{0}}$

$=\boxed{\phantom{0}}$

**9**　$53+39=50+3+30+\boxed{\phantom{0}}$

$=80+\boxed{\phantom{0}}$

$=\boxed{\phantom{0}}$

**10**　$57+26=57+\boxed{\phantom{0}}+23$

$=\boxed{\phantom{0}}+23$

$=\boxed{\phantom{0}}$

**11**　$66+24=66+\boxed{\phantom{0}}+4$

$=\boxed{\phantom{0}}+4$

$=\boxed{\phantom{0}}$

**12**　$69+55=69+\boxed{\phantom{0}}+54$

$=\boxed{\phantom{0}}+54$

$=\boxed{\phantom{0}}$

**13**　$74+17=74+\boxed{\phantom{0}}+7$

$=\boxed{\phantom{0}}+7$

$=\boxed{\phantom{0}}$

**14**　$87+12=\boxed{\phantom{0}}+7+10+2$

$=\boxed{\phantom{0}}+9$

$=\boxed{\phantom{0}}$

**15** $11+49=\boxed{\phantom{00}}+1+40+9$

$=\boxed{\phantom{00}}+10$

$=\boxed{\phantom{00}}$

**16** $19+23=19+\boxed{\phantom{00}}+22$

$=\boxed{\phantom{00}}+22$

$=\boxed{\phantom{00}}$

**17** $29+95=29+\boxed{\phantom{00}}+94$

$=\boxed{\phantom{00}}+94$

$=\boxed{\phantom{00}}$

**18** $32+58=32+\boxed{\phantom{00}}+8$

$=\boxed{\phantom{00}}+8$

$=\boxed{\phantom{00}}$

**19** $36+65=30+6+\boxed{\phantom{00}}+5$

$=\boxed{\phantom{00}}+11$

$=\boxed{\phantom{00}}$

**20** $37+27=30+\boxed{\phantom{00}}+20+7$

$=50+\boxed{\phantom{00}}$

$=\boxed{\phantom{00}}$

**21** $48+43=48+\boxed{\phantom{00}}+41$

$=\boxed{\phantom{00}}+41$

$=\boxed{\phantom{00}}$

**22** $49+52=49+\boxed{\phantom{00}}+2$

$=\boxed{\phantom{00}}+2$

$=\boxed{\phantom{00}}$

**23** $67+39=67+\boxed{\phantom{00}}+9$

$=\boxed{\phantom{00}}+9$

$=\boxed{\phantom{00}}$

**24** $68+25=68+\boxed{\phantom{00}}+23$

$=\boxed{\phantom{00}}+23$

$=\boxed{\phantom{00}}$

**25** $76+18=76+\boxed{\phantom{00}}+8$

$=\boxed{\phantom{00}}+8$

$=\boxed{\phantom{00}}$

**26** $88+14=80+\boxed{\phantom{00}}+10+4$

$=90+\boxed{\phantom{00}}$

$=\boxed{\phantom{00}}$

| 맞힌 개수 | 나의 학습 결과에 ○표 하세요. | | | |
|---|---|---|---|---|
| | 맞힌 개수 | 0~3개 | 4~13개 | 14~23개 | 24~26개 |
| 개 /26개 | 학습 방법 | 다시 한번 풀어 봐요. | 계산 연습이 필요해요. | 틀린 문제를 확인해요. | 실수하지 않도록 집중해요. |

QR 빠른 정답 확인

😊 계산해 보세요.

1
```
    2 7
+     5
```
받아올림에 주의하며 계산해요!

2
```
    5 6
+     4
```

3
```
    1 5
+   2 9
```

4
```
    2 9
+   3 2
```

5
```
    3 7
+   3 9
```

6
```
    4 8
+   1 7
```

7
```
    5 4
+   2 8
```

8
```
    6 1
+   1 9
```

9
```
    1 1
+   9 0
```

10
```
    2 5
+   8 2
```

11
```
    4 6
+   9 3
```

12
```
    5 3
+   7 1
```

13
```
    7 8
+   5 1
```

14
```
    8 0
+   4 3
```

15
```
    3 6
+   6 6
```

16
```
    4 2
+   5 8
```

17
```
    5 7
+   6 4
```

18
```
    6 4
+   6 9
```

19
```
    7 9
+   4 2
```

20
```
    8 5
+   2 6
```

21
```
    9 8
+   1 4
```

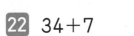 

22 34+7

30 21+83

38 24+96

23 88+3

31 37+72

39 39+77

24 17+44

32 43+63

40 45+58

25 23+47

33 68+40

41 68+75

26 35+49

34 75+33

42 72+29

27 47+34

35 84+45

43 81+19

28 62+18

36 92+22

44 93+37

29 74+19

37 16+98

45 96+26

**46** 과일 과게에서 수박을 어제는 13통 팔았고 오늘은 어제보다 7통 더 많이 팔았습니다. 오늘 판 수박은 모두 몇 통인지 구해 보세요.

답 _____

**47** 마트에 토마토주스는 65병 있고 오렌지주스는 토마토주스보다 9병 더 많습니다. 마트에 있는 오렌지주스는 모두 몇 병인지 구해 보세요.

답 _____

**48** 채민이는 우표 58장, 엽서 38장을 모았습니다. 채민이가 모은 우표와 엽서는 모두 몇 장인지 구해 보세요.

답 _____

**49** 도서관에 동화책 76권, 시집 16권이 있습니다. 도서관에 있는 동화책과 시집은 모두 몇 권인지 구해 보세요.

답 _____

**50** 신발 공장에서 구두 63켤레, 운동화 41켤레를 만들었습니다. 신발 공장에서 만든 구두와 운동화는 모두 몇 켤레인지 구해 보세요.

답 _____

**51** 극장에서 만화영화를 지난주에 94회, 이번 주에 85회 상영하였습니다. 극장에서 지난주와 이번 주에 만화영화를 모두 몇 회 상영했는지 구해 보세요.

답 _____

**52** 중식당에서 짜장면 48그릇, 짬뽕 74그릇을 판매했습니다. 중식당에서 판매한 짜장면과 짬뽕은 모두 몇 그릇인지 구해 보세요.

답 _____

**53** 과학관에 어른 59명, 어린이 97명이 방문했습니다. 과학관에 방문한 어른과 어린이는 모두 몇 명인지 구해 보세요.

답 _____

**연산 노트**

| 맞힌 개수 | 나의 학습 결과에 ○표 하세요. | | | |
|---|---|---|---|---|
| | 맞힌 개수 | 0~5개 | 6~26개 | 27~48개 | 49~53개 |
| 개 /53개 | 학습 방법 | 다시 한번 풀어 봐요. | 계산 연습이 필요해요. | 틀린 문제를 확인해요. | 실수하지 않도록 집중해요. |

QR 빠른정답 확인

# 3

# 뺄셈

| 학습 주제 | 학습 일차 | 맞힌 개수 |
|---|---|---|
| 1. (몇십)-(한 자리 수) | 01일 차 | /40 |
| | 02일 차 | /27 |
| 2. 받아내림이 있는 (두 자리 수)-(한 자리 수) | 03일 차 | /40 |
| | 04일 차 | /42 |
| | 05일 차 | /27 |
| 3. (몇십)-(두 자리 수) | 06일 차 | /40 |
| | 07일 차 | /42 |
| | 08일 차 | /27 |
| 4. 받아내림이 있는 (두 자리 수)-(두 자리 수) | 09일 차 | /40 |
| | 10일 차 | /42 |
| | 11일 차 | /27 |
| 5. 여러 가지 방법으로 뺄셈하기 | 12일 차 | /26 |
| | 13일 차 | /26 |
| 연산 & 문장제 마무리 | 14일 차 | /53 |

# 1. (몇십)-(한 자리 수)

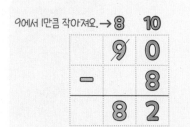

9에서 1만큼 작아져요. → 8  10

```
      9  0
   -     8
      8  2
```

0-8을 계산할 수 없으므로 십의 자리에서 받아내림하여 계산해요.

 계산해 보세요.

**1**
```
   2  0
-     3
```

**2**
```
   2  0
-     5
```

**3**
```
   3  0
-     7
```

**4**
```
   3  0
-     2
```

**5**
```
   4  0
-     9
```

**6**
```
   4  0
-     8
```

**7**
```
   5  0
-     6
```

**8**
```
   5  0
-     1
```

**9**
```
   6  0
-     4
```

**10**
```
   7  0
-     2
```

**11**
```
   8  0
-     4
```

**12**
```
   9  0
-     5
```

**13**
```
   2  0
-     8
```

**14**
```
   3  0
-     1
```

**15**
```
   4  0
-     3
```

**16**
```
   4  0
-     7
```

**17**
```
   5  0
-     9
```

**18**
```
   5  0
-     2
```

**19**
```
   6  0
-     6
```

20
```
    6  0
 -     9
```

21
```
    7  0
 -     1
```

22
```
    7  0
 -     7
```

23
```
    8  0
 -     5
```

24
```
    8  0
 -     2
```

25
```
    9  0
 -     9
```

26
```
    9  0
 -     1
```

27  20 − 4

28  20 − 2

29  30 − 8

30  30 − 6

31  40 − 5

32  50 − 8

33  60 − 3

34  60 − 5

35  70 − 4

36  70 − 6

37  80 − 8

38  80 − 3

39  90 − 3

40  90 − 6

| 맞힌 개수 | 나의 학습 결과에 ○표 하세요. | | | |
|---|---|---|---|---|
| 맞힌 개수 | 0~4개 | 5~20개 | 21~36개 | 37~40개 |
| 학습 방법 | 다시 한번 풀어 봐요. | 계산 연습이 필요해요. | 틀린 문제를 확인해요. | 실수하지 않도록 집중해요. |

개 / 40개

QR 빠른 정답 확인

🐻 계산해 보세요.

**1**
```
   2 0
 -   1
```
> 십의 자리에 받아내림하고 남은 수를 꼭 써야해요!

**8**
```
   5 0
 -   7
```

**15** 20-9

**2**
```
   2 0
 -   6
```

**9**
```
   6 0
 -   2
```

**16** 30-4

**3**
```
   3 0
 -   3
```

**10**
```
   6 0
 -   8
```

**17** 40-1

**4**
```
   3 0
 -   5
```

**11**
```
   7 0
 -   9
```

**18** 50-3

**5**
```
   4 0
 -   2
```

**12**
```
   7 0
 -   3
```

**19** 60-7

**6**
```
   4 0
 -   4
```

**13**
```
   8 0
 -   7
```

**20** 70-8

**7**
```
   5 0
 -   5
```

**14**
```
   9 0
 -   4
```

**21** 80-1

**연산 in 문장제**

색종이 20장 중에서 7장을 사용했습니다. 사용하고 남은 색종이는 몇 장인지 구해 보세요.

$$20 - 7 = 13\,(장)$$

↑ 전체 색종이 수  ↑ 사용한 색종이 수  ↑ 남은 색종이 수

$$\begin{array}{r} 2\ 0 \\ -\quad 7 \\ \hline 1\ 3 \end{array}$$

---

**22** 과자 30개 중에서 9개를 먹었습니다. 먹고 남은 과자는 몇 개인지 구해 보세요.

➡ ☐ ─ ☐

답 _____

**23** 동화책 40쪽 중에서 6쪽을 읽었습니다. 읽고 남은 동화책은 몇 쪽인지 구해 보세요.

➡ ☐ ─ ☐

답 _____

**24** 동물 농장에 있는 토끼는 50마리이고 다람쥐는 토끼보다 4마리 더 적습니다. 동물 농장에 있는 다람쥐는 몇 마리인지 구해 보세요.

➡ ☐ ─ ☐

답 _____

**25** 풍선 70개를 불었는데 5개가 터졌습니다. 터지고 남은 풍선은 몇 개인지 구해 보세요.

➡ ☐ ─ ☐

답 _____

**26** 과일 가게에서 포도 80송이 중에서 9송이를 판매했습니다. 판매하고 남은 포도는 몇 송이인지 구해 보세요.

➡ ☐ ─ ☐

답 _____

**27** 지학 초등학교 2학년 남학생은 90명이고 여학생은 남학생보다 2명 더 적습니다. 2학년 여학생은 몇 명인지 구해 보세요.

➡ ☐ ─ ☐

답 _____

---

| 맞힌 개수 | 나의 학습 결과에 ○표 하세요. | | | | QR 빠른정답 확인 |
|---|---|---|---|---|---|
| 개 /27개 | 맞힌 개수 | 0~3개 | 4~14개 | 15~24개 | 25~27개 |
| | 학습 방법 | 다시 한번 풀어 봐요. | 계산 연습이 필요해요. | 틀린 문제를 확인해요. | 실수하지 않도록 집중해요. |

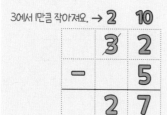

30에서 1만큼 작아져요. → 2   10

$$
\begin{array}{r}
\cancel{3}\ 2 \\
-\quad 5 \\
\hline
2\ 7
\end{array}
$$

2-5를 계산할 수 없으므로 십의 자리에서 받아내림하여 계산해요.

🍞 계산해 보세요.

**1**
$$
\begin{array}{r}
1\ 1 \\
-\quad 2 \\
\hline
\end{array}
$$

**2**
$$
\begin{array}{r}
1\ 3 \\
-\quad 6 \\
\hline
\end{array}
$$

**3**
$$
\begin{array}{r}
2\ 2 \\
-\quad 4 \\
\hline
\end{array}
$$

**4**
$$
\begin{array}{r}
2\ 7 \\
-\quad 8 \\
\hline
\end{array}
$$

**5**
$$
\begin{array}{r}
3\ 4 \\
-\quad 5 \\
\hline
\end{array}
$$

**6**
$$
\begin{array}{r}
3\ 6 \\
-\quad 8 \\
\hline
\end{array}
$$

**7**
$$
\begin{array}{r}
4\ 8 \\
-\quad 9 \\
\hline
\end{array}
$$

**8**
$$
\begin{array}{r}
5\ 3 \\
-\quad 5 \\
\hline
\end{array}
$$

**9**
$$
\begin{array}{r}
6\ 5 \\
-\quad 7 \\
\hline
\end{array}
$$

**10**
$$
\begin{array}{r}
7\ 3 \\
-\quad 6 \\
\hline
\end{array}
$$

**11**
$$
\begin{array}{r}
8\ 5 \\
-\quad 9 \\
\hline
\end{array}
$$

**12**
$$
\begin{array}{r}
9\ 2 \\
-\quad 6 \\
\hline
\end{array}
$$

**13**
$$
\begin{array}{r}
1\ 4 \\
-\quad 6 \\
\hline
\end{array}
$$

**14**
$$
\begin{array}{r}
2\ 1 \\
-\quad 7 \\
\hline
\end{array}
$$

**15**
$$
\begin{array}{r}
3\ 3 \\
-\quad 9 \\
\hline
\end{array}
$$

**16**
$$
\begin{array}{r}
4\ 3 \\
-\quad 7 \\
\hline
\end{array}
$$

**17**
$$
\begin{array}{r}
4\ 5 \\
-\quad 8 \\
\hline
\end{array}
$$

**18**
$$
\begin{array}{r}
5\ 1 \\
-\quad 4 \\
\hline
\end{array}
$$

**19**
$$
\begin{array}{r}
5\ 2 \\
-\quad 8 \\
\hline
\end{array}
$$

20
```
    6   3
  -     4
```

21
```
    6   9
  -     9
```

22
```
    7   1
  -     2
```

23
```
    7   4
  -     8
```

24
```
    8   1
  -     3
```

25
```
    8   2
  -     9
```

26
```
    9   1
  -     5
```

27  12 − 3

28  17 − 9

29  23 − 6

30  25 − 6

31  31 − 8

32  42 − 8

33  44 − 7

34  56 − 7

35  57 − 9

36  61 − 9

37  64 − 5

38  77 − 9

39  86 − 8

40  93 − 5

| 맞힌 개수 | 나의 학습 결과에 ○표 하세요. | | | | |
|---|---|---|---|---|---|
| | 맞힌 개수 | 0~4개 | 5~20개 | 21~36개 | 37~40개 |
| 개 /40개 | 학습 방법 | 다시 한번 풀어 봐요. | 계산 연습이 필요해요. | 틀린 문제를 확인해요. | 실수하지 않도록 집중해요. |

QR 빠른 정답 확인

## 2. 받아내림이 있는 (두 자리 수)-(한 자리 수)

🐻 계산해 보세요.

**1**

```
    1 5
 -    6
```

> 일의 자리 수끼리 뺄 수 없을 때 십의 자리에서 10을 받아내림해요!

**8**

```
    4 7
 -    8
```

**15**

```
    7 6
 -    9
```

**2**

```
    1 8
 -    9
```

**9**

```
    5 5
 -    7
```

**16**

```
    8 1
 -    2
```

**3**

```
    2 4
 -    7
```

**10**

```
    5 8
 -    9
```

**17**

```
    8 3
 -    6
```

**4**

```
    2 5
 -    9
```

**11**

```
    6 2
 -    4
```

**18**

```
    8 7
 -    8
```

**5**

```
    3 5
 -    8
```

**12**

```
    6 8
 -    9
```

**19**

```
    9 4
 -    6
```

**6**

```
    3 7
 -    8
```

**13**

```
    7 3
 -    5
```

**20**

```
    9 5
 -    8
```

**7**

```
    4 1
 -    3
```

**14**

```
    7 5
 -    9
```

**21**

```
    9 7
 -    9
```

**22** 12−5

**23** 13−8

**24** 16−7

**25** 23−4

**26** 25−7

**27** 26−9

**28** 31−6

**29** 38−9

**30** 44−5

**31** 46−8

**32** 51−9

**33** 54−8

**34** 65−6

**35** 67−9

**36** 72−4

**37** 76−7

**38** 84−8

**39** 88−9

**40** 92−4

**41** 93−7

**42** 98−9

| 맞힌 개수 | | 나의 학습 결과에 ○표 하세요. | | | | QR 빠른정답 확인 |
|---|---|---|---|---|---|---|
| | 맞힌 개수 | 0~4개 | 5~21개 | 22~38개 | 39~42개 | |
| 개 /42개 | 학습 방법 | 다시 한번 풀어 봐요. | 계산 연습이 필요해요. | 틀린 문제를 확인해요. | 실수하지 않도록 집중해요. | |

3. 뺄셈  **77**

🐻 계산해 보세요.

**1**
```
    1 1
  -   4
```

**2**
```
    2 4
  -   9
```

**3**
```
    3 2
  -   8
```

**4**
```
    3 4
  -   7
```

**5**
```
    4 3
  -   6
```

**6**
```
    4 5
  -   7
```

**7**
```
    5 2
  -   3
```

**8**
```
    5 6
  -   8
```

**9**
```
    6 3
  -   5
```

**10**
```
    6 7
  -   8
```

**11**
```
    7 1
  -   6
```

**12**
```
    7 4
  -   6
```

**13**
```
    8 3
  -   7
```

**14**
```
    9 4
  -   8
```

**15** $14-5$

**16** $22-6$

**17** $53-7$

**18** $75-6$

**19** $86-9$

**20** $91-3$

**21** $93-4$

**연산 in 문장제**

도서관에 어린이 82명이 책을 읽고 있었는데 6명이 집에 갔습니다. 도서관에 남아 있는 어린이는 몇 명인지 구해 보세요.

$$\underset{\substack{\uparrow \\ \text{도서관에 있었던} \\ \text{어린이 수}}}{82} - \underset{\substack{\uparrow \\ \text{집에 간} \\ \text{어린이 수}}}{6} = \underset{\substack{\uparrow \\ \text{도서관에 남아 있는} \\ \text{어린이 수}}}{76}{}^{(명)}$$

| | 8 | 2 |
|---|---|---|
| − | | 6 |
| | 7 | 6 |

**22** 체육관에 있는 농구공은 33개이고 축구공은 농구공보다 5개 더 적습니다. 체육관에 있는 축구공은 몇 개인지 구해 보세요.

답 _____

**23** 상자에 귤 41개가 있었는데 4개를 먹었습니다. 상자에 남은 귤은 몇 개인지 구해 보세요.

답 _____

**24** 편의점에 음료수 54캔이 있었는데 9캔을 판매했습니다. 판매하고 남은 음료수는 몇 캔인지 구해 보세요.

답 _____

**25** 색종이 61장 중에서 5장으로 종이접기를 하였습니다. 종이접기를 하고 남은 색종이는 몇 장인지 구해 보세요.

답 _____

**26** 서우는 색연필 72자루 중에서 3자루를 이준이에게 선물하였습니다. 서우가 선물하고 남은 색연필은 몇 자루인지 구해 보세요.

답 _____

**27** 수족관에 금붕어가 96마리 있고 열대어는 금붕어보다 9마리 더 적게 있습니다. 수족관에 있는 열대어는 몇 마리인지 구해 보세요.

답 _____

| 맞힌 개수 | 나의 학습 결과에 ○표 하세요. | | | | QR 빠른정답 확인 |
|---|---|---|---|---|---|
| 개 /27개 | 맞힌 개수 | 0~3개 | 4~14개 | 15~24개 | 25~27개 |
| | 학습 방법 | 다시 한번 풀어 봐요. | 계산 연습이 필요해요. | 틀린 문제를 확인해요. | 실수하지 않도록 집중해요. |

 4에서 1만큼 작아져요. → 3  10

```
    A  0
 -  1  7
 ───────
    2  3
```

일의 자리 수끼리 뺄 수 없으면
십의 자리에서 받아내림하여
계산해요.

🐻 계산해 보세요.

**1**
```
    2  0
 -  1  9
 ───────
```

**2**
```
    2  0
 -  1  5
 ───────
```

**3**
```
    3  0
 -  1  3
 ───────
```

**4**
```
    3  0
 -  2  1
 ───────
```

**5**
```
    4  0
 -  3  6
 ───────
```

**6**
```
    4  0
 -  2  2
 ───────
```

**7**
```
    5  0
 -  1  7
 ───────
```

**8**
```
    5  0
 -  4  8
 ───────
```

**9**
```
    6  0
 -  4  4
 ───────
```

**10**
```
    7  0
 -  6  2
 ───────
```

**11**
```
    8  0
 -  5  5
 ───────
```

**12**
```
    9  0
 -  5  9
 ───────
```

**13**
```
    2  0
 -  1  1
 ───────
```

**14**
```
    3  0
 -  2  5
 ───────
```

**15**
```
    4  0
 -  3  3
 ───────
```

**16**
```
    4  0
 -  2  8
 ───────
```

**17**
```
    5  0
 -  2  6
 ───────
```

**18**
```
    5  0
 -  3  4
 ───────
```

**19**
```
    6  0
 -  3  1
 ───────
```

20
```
   6 0
 - 2 3
```

21
```
   7 0
 - 5 4
```

22
```
   7 0
 - 4 7
```

23
```
   8 0
 - 3 6
```

24
```
   8 0
 - 7 8
```

25
```
   9 0
 - 1 5
```

26
```
   9 0
 - 2 2
```

27  20-17

28  20-14

29  30-11

30  30-15

31  40-26

32  50-31

33  60-55

34  60-49

35  70-38

36  70-13

37  80-42

38  80-67

39  90-73

40  90-46

| 맞힌 개수 | 나의 학습 결과에 ○표 하세요. | | | | QR 빠른 정답 확인 |
|---|---|---|---|---|---|
| 개 /40개 | 맞힌 개수 | 0~4개 | 5~20개 | 21~36개 | 37~40개 |
| | 학습 방법 | 다시 한번 풀어 봐요. | 계산 연습이 필요해요. | 틀린 문제를 확인해요. | 실수하지 않도록 집중해요. |

## 3. (몇십)-(두 자리 수)

🐻 계산해 보세요.

1
```
    2 0
 -  1 3
```
받아내림에 주의하며
계산해요.

2
```
    3 0
 -  2 2
```

3
```
    3 0
 -  1 7
```

4
```
    4 0
 -  3 4
```

5
```
    4 0
 -  1 9
```

6
```
    4 0
 -  2 5
```

7
```
    5 0
 -  3 3
```

8
```
    5 0
 -  2 5
```

9
```
    5 0
 -  4 9
```

10
```
    6 0
 -  4 2
```

11
```
    6 0
 -  2 6
```

12
```
    6 0
 -  5 7
```

13
```
    7 0
 -  4 1
```

14
```
    7 0
 -  6 5
```

15
```
    7 0
 -  1 6
```

16
```
    8 0
 -  1 1
```

17
```
    8 0
 -  3 3
```

18
```
    8 0
 -  7 4
```

19
```
    9 0
 -  6 1
```

20
```
    9 0
 -  5 4
```

21
```
    9 0
 -  1 7
```

**22** 20−16

**29** 50−36

**36** 70−35

**23** 30−28

**30** 50−23

**37** 80−59

**24** 30−14

**31** 60−48

**38** 80−44

**25** 40−21

**32** 60−52

**39** 80−63

**26** 40−38

**33** 60−17

**40** 90−81

**27** 40−29

**34** 70−59

**41** 90−78

**28** 50−42

**35** 70−21

**42** 90−67

| 맞힌 개수 | 나의 학습 결과에 ○표 하세요. | | | | QR 빠른정답 확인 |
|---|---|---|---|---|---|
| | 맞힌 개수 | 0~4개 | 5~21개 | 22~38개 | 39~42개 | |
| 개 /42개 | 학습 방법 | 다시 한번 풀어 봐요. | 계산 연습이 필요해요. | 틀린 문제를 확인해요. | 실수하지 않도록 집중해요. |  |

3. 뺄셈    **83**

## 3. (몇십)-(두 자리 수)

😊 계산해 보세요.

1
```
    2 0
-   1 2
```

2
```
    3 0
-   1 9
```

3
```
    4 0
-   1 6
```

4
```
    4 0
-   3 1
```

5
```
    5 0
-   2 7
```

6
```
    5 0
-   1 5
```

7
```
    6 0
-   4 6
```

8
```
    6 0
-   2 8
```

9
```
    7 0
-   4 9
```

10
```
    7 0
-   3 2
```

11
```
    8 0
-   4 1
```

12
```
    8 0
-   5 3
```

13
```
    9 0
-   3 4
```

14
```
    9 0
-   5 7
```

15 $30-24$

16 $40-32$

17 $50-38$

18 $60-24$

19 $70-53$

20 $80-64$

21 $90-49$

**연산 in 문장제**

정한이는 동화책 30쪽 중에서 26쪽을 읽었습니다. 정한이가 읽고 남은 동화책은 몇 쪽인지 구해 보세요.

$$30 - 26 = 4^{(쪽)}$$

↑ 전체 동화책 쪽수   ↑ 정한이가 읽은 동화책 쪽수   ↑ 남은 동화책 쪽수

|   | 3 | 0 |
|---|---|---|
| − | 2 | 6 |
|   |   | 4 |

22 분식집에서 김밥 40줄 중에서 35줄을 판매하였습니다. 분식집에서 판매하고 남은 김밥은 몇 줄인지 구해 보세요.

➡

답 _____

23 봉지에 사탕 50개가 들어 있었는데 13개를 먹었습니다. 봉지에 남은 사탕은 몇 개인지 구해 보세요.

➡

답 _____

24 주차장에 자동차 60대가 있었는데 38대가 나갔습니다. 주차장에 남은 자동차는 몇 대인지 구해 보세요.

➡

답 _____

25 강가에 70마리의 철새가 있었는데 58마리가 날아갔습니다. 강가에 남은 철새는 몇 마리인지 구해 보세요.

➡

답 _____

26 바지 공장에서 어제는 바지 80벌을 생산하였고 오늘은 어제보다 22벌 더 적게 생산하였습니다. 오늘 생산한 바지는 몇 벌인지 구해 보세요.

➡

답 _____

27 동물원에 방문한 어린이 90명 중에서 남자 어린이는 41명입니다. 동물원에 방문한 여자 어린이는 몇 명인지 구해 보세요.

➡

답 _____

| 맞힌 개수 | 나의 학습 결과에 ○표 하세요. | | | |
|---|---|---|---|---|
| | 맞힌 개수 | 0~3개 | 4~14개 | 15~24개 | 25~27개 |
| 개 /27개 | 학습 방법 | 다시 한번 풀어 봐요. | 계산 연습이 필요해요. | 틀린 문제를 확인해요. | 실수하지 않도록 집중해요. |

QR 빠른 정답 확인

# 4. 받아내림이 있는 (두 자리 수)-(두 자리 수)

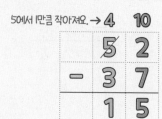

5에서 1만큼 작아져요. → 4  10

```
      5   2
  -   3   7
  ─────────
      1   5
```

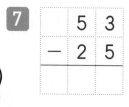

같은 자리 수끼리 뺄 수 없으면
바로 윗자리에서 받아내림하여
계산해요.

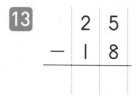

🐻 계산해 보세요.

**1**
```
    2   1
-   1   4
─────────
```

**2**
```
    2   3
-   1   9
─────────
```

**3**
```
    3   5
-   1   7
─────────
```

**4**
```
    3   7
-   2   8
─────────
```

**5**
```
    4   3
-   1   6
─────────
```

**6**
```
    4   8
-   3   9
─────────
```

**7**
```
    5   3
-   2   5
─────────
```

**8**
```
    5   6
-   3   7
─────────
```

**9**
```
    6   1
-   5   6
─────────
```

**10**
```
    7   2
-   3   5
─────────
```

**11**
```
    8   6
-   3   7
─────────
```

**12**
```
    9   5
-   5   9
─────────
```

**13**
```
    2   5
-   1   8
─────────
```

**14**
```
    3   8
-   2   9
─────────
```

**15**
```
    4   2
-   2   8
─────────
```

**16**
```
    4   4
-   1   9
─────────
```

**17**
```
    5   4
-   4   6
─────────
```

**18**
```
    6   2
-   2   6
─────────
```

**19**
```
    6   3
-   3   8
─────────
```

20
```
   6 8
 - 4 9
```

21
```
   7 5
 - 5 8
```

22
```
   7 7
 - 6 9
```

23
```
   8 1
 - 5 3
```

24
```
   8 3
 - 4 4
```

25
```
   9 2
 - 3 6
```

26
```
   9 8
 - 7 9
```

27  22 − 15

28  24 − 18

29  31 − 25

30  36 − 27

31  41 − 22

32  51 − 27

33  64 − 29

34  65 − 57

35  71 − 48

36  73 − 47

37  84 − 39

38  87 − 49

39  93 − 76

40  96 − 38

| 맞힌 개수 | 나의 학습 결과에 ○표 하세요. | | | | QR 빠른정답 확인 |
|---|---|---|---|---|---|
| | 맞힌 개수 | 0~4개 | 5~20개 | 21~36개 | 37~40개 | |
| 개 /40개 | 학습 방법 | 다시 한번 풀어 봐요. | 계산 연습이 필요해요. | 틀린 문제를 확인해요. | 실수하지 않도록 집중해요. |  |

## 10일차

# 4. 받아내림이 있는 (두 자리 수)-(두 자리 수)

**계산해 보세요.**

**1**
```
   2 6
 - 1 7
```
*자리를 맞추어 같은 자리 수끼리 빼서 계산해요!*

**2**
```
   3 2
 - 1 5
```

**3**
```
   3 4
 - 2 7
```

**4**
```
   4 1
 - 2 9
```

**5**
```
   4 5
 - 2 6
```

**6**
```
   4 7
 - 3 8
```

**7**
```
   5 2
 - 4 6
```

**8**
```
   5 5
 - 2 9
```

**9**
```
   5 8
 - 1 9
```

**10**
```
   6 4
 - 3 5
```

**11**
```
   6 6
 - 4 9
```

**12**
```
   6 7
 - 2 8
```

**13**
```
   7 2
 - 5 6
```

**14**
```
   7 3
 - 1 8
```

**15**
```
   7 5
 - 6 8
```

**16**
```
   8 1
 - 5 9
```

**17**
```
   8 2
 - 7 9
```

**18**
```
   8 5
 - 3 7
```

**19**
```
   9 4
 - 8 6
```

**20**
```
   9 7
 - 6 9
```

**21**
```
   9 8
 - 8 9
```

22 27−19

23 33−24

24 34−28

25 42−16

26 46−39

27 48−29

28 51−22

29 55−36

30 57−48

31 62−18

32 65−29

33 66−47

34 71−43

35 74−65

36 76−17

37 82−25

38 87−68

39 88−39

40 91−45

41 93−58

42 95−77

| 맞힌 개수 | 나의 학습 결과에 ○표 하세요. | | | | |
|---|---|---|---|---|---|
| | 맞힌 개수 | 0~4개 | 5~21개 | 22~38개 | 39~42개 |
| 개 / 42개 | 학습 방법 | 다시 한번 풀어 봐요. | 계산 연습이 필요해요. | 틀린 문제를 확인해요. | 실수하지 않도록 집중해요. |

QR 빠른정답 확인

# 4. 받아내림이 있는 (두 자리 수)−(두 자리 수)

✿ 계산해 보세요.

1
```
   2 4
 - 1 6
```

2
```
   2 8
 - 1 9
```

3
```
   3 1
 - 2 9
```

4
```
   4 3
 - 3 6
```

5
```
   4 5
 - 1 8
```

6
```
   5 4
 - 2 6
```

7
```
   6 3
 - 4 7
```

8
```
   6 8
 - 3 9
```

9
```
   7 6
 - 4 8
```

10
```
   7 7
 - 5 9
```

11
```
   8 5
 - 1 7
```

12
```
   8 8
 - 6 9
```

13
```
   9 1
 - 4 4
```

14
```
   9 4
 - 6 6
```

15 35−26

16 46−29

17 53−16

18 65−49

19 78−39

20 84−27

21 92−57

**연산 in 문장제**

운동장에 어린이 33명이 놀고 있었는데 28명의 어린이가 교실로 들어 갔습니다. 운동장에 남아 있는 어린이는 몇 명인지 구해 보세요.

|   | 3 | 3 |
|---|---|---|
| − | 2 | 8 |
|   |   | 5 |

$$\underset{\substack{\text{운동장에 있었던} \\ \text{어린이 수}}}{33} - \underset{\substack{\text{교실로 들어간} \\ \text{어린이 수}}}{28} = \underset{\substack{\text{운동장에 남아 있는} \\ \text{어린이 수}}}{5}\text{(명)}$$

**22** 퍼즐 21조각 중에서 15조각을 맞췄습니다. 맞추고 남은 퍼즐은 몇 조각인지 구해 보세요.

➡

답 _____

**23** 설문조사 결과 고양이를 좋아하는 어린이는 58명, 강아지를 좋아하는 어린이는 49명이었습니다. 고양이를 좋아하는 어린이는 강아지를 좋아하는 어린이보다 몇 명 더 많은지 구해 보세요.

➡

답 _____

**24** 분식집에서 떡볶이를 어제는 61접시 팔았고 오늘은 어제보다 13접시 더 적게 팔았습니다. 오늘 판 떡볶이는 몇 접시인지 구해 보세요.

➡

답 _____

**25** 편지지 74장을 편지 봉투 38장에 한 장씩 넣었습니다. 편지 봉투에 넣고 남은 편지지는 몇 장인지 구해 보세요.

➡

답 _____

**26** 소극장에 있는 좌석 83석 중에서 56석에 사람들이 앉았습니다. 사람들이 앉고 남은 좌석은 몇 석인지 구해 보세요.

➡

답 _____

**27** 서우는 초콜릿 97개 중 79개를 친구들에게 나누어주었습니다. 서우가 친구들에게 나누어주고 남은 초콜릿은 몇 개인지 구해 보세요.

➡

답 _____

| 맞힌 개수 | 나의 학습 결과에 ○표 하세요. | | | | QR 빠른정답 확인 |
|---|---|---|---|---|---|
| **개 / 27개** | 맞힌 개수 | 0~3개 | 4~14개 | 15~24개 | 25~27개 |
| | 학습 방법 | 다시 한번 풀어 봐요. | 계산 연습이 필요해요. | 틀린 문제를 확인해요. | 실수하지 않도록 집중해요. |

# 5. 여러 가지 방법으로 뺄셈하기

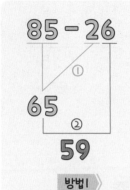

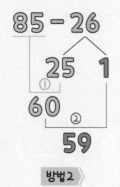

**방법1**
십의 자리 수를 먼저 뺀 후 일의 자리 수를 빼서 계산해요!

**방법2**
26을 25와 1로 가른 후 85에서 25를 먼저 빼고 1을 빼서 계산해요!

**방법3**
85를 5와 80으로 가른 후 80에서 26을 먼저 빼고 5를 더해서 계산해요!

🌰 ☐ 안에 알맞은 수를 써넣으세요.

**1** 35 − 16

25

**4** 62 − 15

**7** 32 − 17
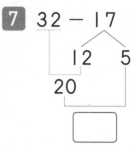
12　5
20

**8** 33 − 14
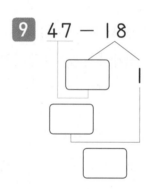

**2** 44 − 25

**5** 73 − 48

**9** 47 − 18
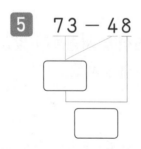
1

**10** 52 − 24
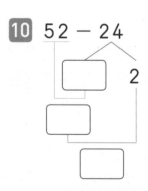
2

**3** 51 − 34

**6** 95 − 37

**11** 55 − 49
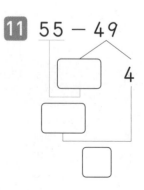
4

**12** 64 − 36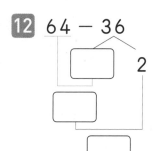

**13** 66 − 27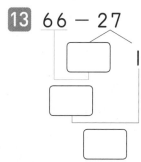

**14** 78 − 59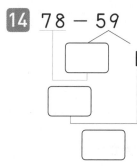

**15** 81 − 67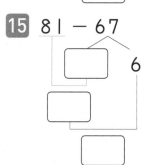

**16** 97 − 68

**17** 37 − 18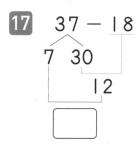

**18** 42 − 19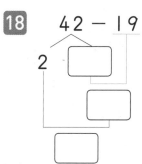

**19** 46 − 28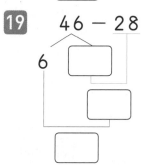

**20** 53 − 38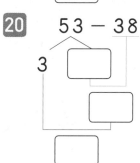

**21** 61 − 29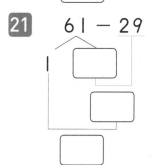

**22** 76 − 58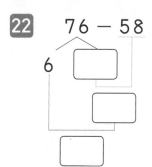

**23** 77 − 39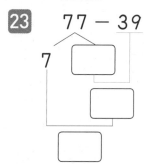

**24** 88 − 19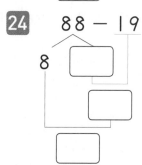

**25** 91 − 47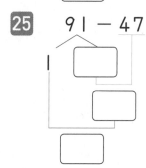

**26** 96 − 89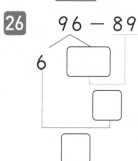

| 맞힌 개수 | 나의 학습 결과에 ○표 하세요. | | | | QR 빠른정답 확인 |
|---|---|---|---|---|---|
| | 맞힌 개수 | 0~3개 | 4~13개 | 14~23개 | 24~26개 |
| 개 /26개 | 학습 방법 | 다시 한번 풀어 봐요. | 계산 연습이 필요해요. | 틀린 문제를 확인해요. | 실수하지 않도록 집중해요. |

🐾 ☐ 안에 알맞은 수를 써넣으세요.

**1** $31-12=31-\boxed{\phantom{0}}-2$

$\phantom{31-12}=\boxed{\phantom{0}}-2$

$\phantom{31-12}=\boxed{\phantom{0}}$

**2** $34-16=\boxed{\phantom{0}}-16+4$

$\phantom{34-16}=\boxed{\phantom{0}}+4$

$\phantom{34-16}=\boxed{\phantom{0}}$

> 빼지는 수인 34를 몇과 몇십으로 가른 후 계산해요.

**3** $36-28=36-26-\boxed{\phantom{0}}$

$\phantom{36-28}=10-\boxed{\phantom{0}}$

$\phantom{36-28}=\boxed{\phantom{0}}$

**4** $43-37=43-\boxed{\phantom{0}}-7$

$\phantom{43-37}=\boxed{\phantom{0}}-7$

$\phantom{43-37}=\boxed{\phantom{0}}$

**5** $45-17=45-10-\boxed{\phantom{0}}$

$\phantom{45-17}=35-\boxed{\phantom{0}}$

$\phantom{45-17}=\boxed{\phantom{0}}$

**6** $48-19=\boxed{\phantom{0}}-19+8$

$\phantom{48-19}=\boxed{\phantom{0}}+8$

$\phantom{48-19}=\boxed{\phantom{0}}$

**7** $52-38=\boxed{\phantom{0}}-38+2$

$\phantom{52-38}=\boxed{\phantom{0}}+2$

$\phantom{52-38}=\boxed{\phantom{0}}$

**8** $53-26=53-23-\boxed{\phantom{0}}$

$\phantom{53-26}=30-\boxed{\phantom{0}}$

$\phantom{53-26}=\boxed{\phantom{0}}$

**9** $56-47=\boxed{\phantom{0}}-47+6$

$\phantom{56-47}=\boxed{\phantom{0}}+6$

$\phantom{56-47}=\boxed{\phantom{0}}$

**10** $58-39=58-\boxed{\phantom{0}}-9$

$\phantom{58-39}=\boxed{\phantom{0}}-9$

$\phantom{58-39}=\boxed{\phantom{0}}$

**11** $63-46=\boxed{\phantom{0}}-46+3$

$\phantom{63-46}=\boxed{\phantom{0}}+3$

$\phantom{63-46}=\boxed{\phantom{0}}$

**12** $65-27=65-\boxed{\phantom{0}}-7$

$\phantom{65-27}=\boxed{\phantom{0}}-7$

$\phantom{65-27}=\boxed{\phantom{0}}$

**13** $67-49=67-40-\boxed{\phantom{0}}$

$\phantom{67-49}=27-\boxed{\phantom{0}}$

$\phantom{67-49}=\boxed{\phantom{0}}$

**14** $68-29=68-28-\boxed{\phantom{0}}$

$\phantom{68-29}=40-\boxed{\phantom{0}}$

$\phantom{68-29}=\boxed{\phantom{0}}$

15 $71-15=71-11-\boxed{\phantom{0}}$
  $=60-\boxed{\phantom{0}}$
  $=\boxed{\phantom{0}}$

16 $72-24=\boxed{\phantom{0}}-24+2$
  $=\boxed{\phantom{0}}+2$
  $=\boxed{\phantom{0}}$

17 $74-59=74-50-\boxed{\phantom{0}}$
  $=24-\boxed{\phantom{0}}$
  $=\boxed{\phantom{0}}$

18 $75-56=75-\boxed{\phantom{0}}-1$
  $=\boxed{\phantom{0}}-1$
  $=\boxed{\phantom{0}}$

19 $81-35=81-\boxed{\phantom{0}}-4$
  $=\boxed{\phantom{0}}-4$
  $=\boxed{\phantom{0}}$

20 $82-45=\boxed{\phantom{0}}-45+2$
  $=\boxed{\phantom{0}}+2$
  $=\boxed{\phantom{0}}$

21 $83-18=83-13-\boxed{\phantom{0}}$
  $=70-\boxed{\phantom{0}}$
  $=\boxed{\phantom{0}}$

22 $86-79=86-\boxed{\phantom{0}}-3$
  $=\boxed{\phantom{0}}-3$
  $=\boxed{\phantom{0}}$

23 $92-66=92-\boxed{\phantom{0}}-6$
  $=\boxed{\phantom{0}}-6$
  $=\boxed{\phantom{0}}$

24 $93-57=93-50-\boxed{\phantom{0}}$
  $=43-\boxed{\phantom{0}}$
  $=\boxed{\phantom{0}}$

25 $94-78=94-\boxed{\phantom{0}}-4$
  $=\boxed{\phantom{0}}-4$
  $=\boxed{\phantom{0}}$

26 $96-69=\boxed{\phantom{0}}-69+6$
  $=\boxed{\phantom{0}}+6$
  $=\boxed{\phantom{0}}$

| 맞힌 개수 | 나의 학습 결과에 ○표 하세요. | | | | |
|---|---|---|---|---|---|
| | 맞힌 개수 | 0~3개 | 4~13개 | 14~23개 | 24~26개 |
| 개 /26개 | 학습 방법 | 다시 한번 풀어 봐요. | 계산 연습이 필요해요. | 틀린 문제를 확인해요. | 실수하지 않도록 집중해요. |

QR 빠른정답 확인

🐾 계산해 보세요.

1
```
    6 0
  -   1
```

받아내림에 주의하며
계산해요!

2
```
    8 0
  -   6
```

3
```
    1 5
  -   9
```

4
```
    2 1
  -   4
```

5
```
    3 7
  -   9
```

6
```
    4 6
  -   7
```

7
```
    6 2
  -   8
```

8
```
    4 0
  - 2 7
```

9
```
    5 0
  - 2 4
```

10
```
    6 0
  - 3 5
```

11
```
    7 0
  - 4 6
```

12
```
    8 0
  - 1 9
```

13
```
    9 0
  - 3 2
```

14
```
    2 3
  - 1 8
```

15
```
    3 2
  - 2 5
```

16
```
    4 4
  - 2 7
```

17
```
    5 6
  - 4 8
```

18
```
    6 7
  - 3 9
```

19
```
    7 2
  - 4 5
```

20
```
    8 5
  - 6 6
```

21
```
    9 1
  - 5 4
```

22 90-7

30 30-23

38 38-19

3. 뺄셈

23 16-9

31 40-15

39 47-39

24 27-9

32 50-28

40 52-15

25 36-7

33 60-47

41 64-37

26 42-4

34 70-55

42 75-59

27 55-8

35 80-46

43 83-49

28 84-6

36 90-71

44 92-76

29 96-8

37 25-17

45 95-36

정답 **17**쪽

**연산 노트**

**46** 동물 농장에 있는 닭은 47마리이고 오리는 닭보다 9마리 더 적습니다. 오리는 몇 마리인지 구해 보세요.

답 _____

**47** 주말농장에서 딸기를 서우는 76개 땄고 민서는 서우보다 8개 더 적게 땄습니다. 민서가 딴 딸기는 몇 개인지 구해 보세요.

답 _____

**48** 과일 가게에 사과 40개, 배 23개가 있습니다. 사과는 배보다 몇 개 더 많은지 구해 보세요.

답 _____

**49** 윤재는 줄넘기를 오늘은 70번, 어제는 57번 뛰었습니다. 윤재가 오늘은 어제보다 줄넘기를 몇 번 더 뛰었는지 구해 보세요.

답 _____

**50** 주차장의 1층에는 자동차 90대, 2층에는 자동차 51대가 있습니다. 주차장의 1층에는 2층보다 자동차가 몇 대 더 많은지 구해 보세요.

답 _____

**51** 정빈이네 반 학생은 모두 35명입니다. 남학생이 19명이라면 여학생은 몇 명인지 구해 보세요.

답 _____

**52** 할머니의 나이는 62살이고 이모의 나이는 34살입니다. 할머니는 이모보다 몇 살 더 많은지 구해 보세요.

답 _____

**53** 호민이는 수학 문제 85개 중에서 39개를 풀었습니다. 호민이가 풀고 남은 수학 문제는 몇 개인지 구해 보세요.

답 _____

| 맞힌 개수 | 나의 학습 결과에 ○표 하세요. | | | |
|---|---|---|---|---|
| | 맞힌 개수 | 0~5개 | 6~26개 | 27~48개 | 49~53개 |
| 개 /53개 | 학습 방법 | 다시 한번 풀어 봐요. | 계산 연습이 필요해요. | 틀린 문제를 확인해요. | 실수하지 않도록 집중해요. |

QR 빠른정답 확인

# 4

# 덧셈과 뺄셈

| 학습 주제 | 학습 일 차 | 맞힌 개수 |
|---|---|---|
| 1. 덧셈과 뺄셈의 관계 | 01일 차 | /22 |
| | 02일 차 | /16 |
| 2. 덧셈식에서 ☐의 값 구하기 | 03일 차 | /26 |
| | 04일 차 | /26 |
| 3. 뺄셈식에서 ☐의 값 구하기 | 05일 차 | /26 |
| | 06일 차 | /26 |
| 4. 세 수의 덧셈 | 07일 차 | /23 |
| | 08일 차 | /30 |
| | 09일 차 | /26 |
| 5. 세 수의 뺄셈 | 10일 차 | /23 |
| | 11일 차 | /30 |
| | 12일 차 | /26 |
| 6. 세 수의 덧셈과 뺄셈 | 13일 차 | /23 |
| | 14일 차 | /30 |
| | 15일 차 | /26 |
| 연산 & 문장제 마무리 | 16일 차 | /46 |

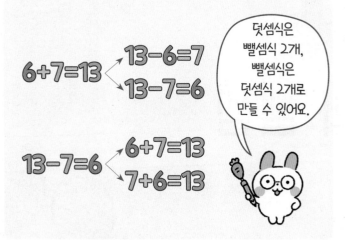

$6+7=13$ → $13-6=7$
            $13-7=6$

$13-7=6$ → $6+7=13$
            $7+6=13$

덧셈식은 뺄셈식 2개, 뺄셈식은 덧셈식 2개로 만들 수 있어요.

🍇 덧셈식을 뺄셈식으로 나타내어 보세요.

**1**  $5+9=14$

$\boxed{\phantom{0}}-5=\boxed{\phantom{0}}$

$\boxed{\phantom{0}}-\boxed{\phantom{0}}=5$

**2**  $17+8=25$

$\boxed{\phantom{0}}-\boxed{\phantom{0}}=8$

$\boxed{\phantom{0}}-\boxed{\phantom{0}}=17$

**3**  $18+19=37$

$\boxed{\phantom{0}}-18=\boxed{\phantom{0}}$

$\boxed{\phantom{0}}-19=\boxed{\phantom{0}}$

**4**  $26+16=42$

$\boxed{\phantom{0}}-\boxed{\phantom{0}}=16$

$\boxed{\phantom{0}}-\boxed{\phantom{0}}=26$

**5**  $39+12=51$

$\boxed{\phantom{0}}-\boxed{\phantom{0}}=12$

$\boxed{\phantom{0}}-\boxed{\phantom{0}}=39$

**6**  $37+26=63$

$\boxed{\phantom{0}}-\boxed{\phantom{0}}=26$

$\boxed{\phantom{0}}-26=\boxed{\phantom{0}}$

**7**  $44+28=72$

$\boxed{\phantom{0}}-44=\boxed{\phantom{0}}$

$\boxed{\phantom{0}}-28=\boxed{\phantom{0}}$

**8**  $38+45=83$

$\boxed{\phantom{0}}-\boxed{\phantom{0}}=45$

$\boxed{\phantom{0}}-\boxed{\phantom{0}}=38$

**9**  $56+38=94$

$\boxed{\phantom{0}}-56=\boxed{\phantom{0}}$

$\boxed{\phantom{0}}-38=\boxed{\phantom{0}}$

**10**  $49+46=95$

$\boxed{\phantom{0}}-\boxed{\phantom{0}}=46$

$\boxed{\phantom{0}}-46=\boxed{\phantom{0}}$

🟤 뺄셈식을 덧셈식으로 나타내어 보세요.

**11** $15 - 8 = 7$

$7 + \boxed{\phantom{0}} = \boxed{\phantom{0}}$

$8 + \boxed{\phantom{0}} = \boxed{\phantom{0}}$

**17** $64 - 28 = 36$

$\boxed{\phantom{0}} + 28 = \boxed{\phantom{0}}$

$\boxed{\phantom{0}} + 36 = \boxed{\phantom{0}}$

**12** $23 - 14 = 9$

$9 + \boxed{\phantom{0}} = \boxed{\phantom{0}}$

$14 + \boxed{\phantom{0}} = \boxed{\phantom{0}}$

**18** $75 - 46 = 29$

$\boxed{\phantom{0}} + 46 = \boxed{\phantom{0}}$

$\boxed{\phantom{0}} + 29 = \boxed{\phantom{0}}$

**13** $35 - 7 = 28$

$\boxed{\phantom{0}} + 7 = \boxed{\phantom{0}}$

$\boxed{\phantom{0}} + 28 = \boxed{\phantom{0}}$

**19** $81 - 34 = 47$

$\boxed{\phantom{0}} + 34 = \boxed{\phantom{0}}$

$\boxed{\phantom{0}} + 47 = \boxed{\phantom{0}}$

**14** $47 - 19 = 28$

$28 + \boxed{\phantom{0}} = \boxed{\phantom{0}}$

$19 + \boxed{\phantom{0}} = \boxed{\phantom{0}}$

**20** $86 - 57 = 29$

$29 + \boxed{\phantom{0}} = \boxed{\phantom{0}}$

$57 + \boxed{\phantom{0}} = \boxed{\phantom{0}}$

**15** $53 - 26 = 27$

$\boxed{\phantom{0}} + 26 = \boxed{\phantom{0}}$

$\boxed{\phantom{0}} + 27 = \boxed{\phantom{0}}$

**21** $92 - 58 = 34$

$34 + \boxed{\phantom{0}} = \boxed{\phantom{0}}$

$58 + \boxed{\phantom{0}} = \boxed{\phantom{0}}$

**16** $62 - 17 = 45$

$45 + \boxed{\phantom{0}} = \boxed{\phantom{0}}$

$17 + \boxed{\phantom{0}} = \boxed{\phantom{0}}$

**22** $93 - 76 = 17$

$\boxed{\phantom{0}} + 76 = \boxed{\phantom{0}}$

$\boxed{\phantom{0}} + 17 = \boxed{\phantom{0}}$

| 맞힌 개수 | 나의 학습 결과에 ○표 하세요. | | | |
|---|---|---|---|---|
| | 맞힌 개수 | 0~2개 | 3~11개 | 12~20개 | 21~22개 |
| 개 /22개 | 학습 방법 | 다시 한번 풀어 봐요. | 계산 연습이 필요해요. | 틀린 문제를 확인해요. | 실수하지 않도록 집중해요. |

QR 빠른정답 확인

# 1. 덧셈과 뺄셈의 관계

🍇 세 수를 이용하여 덧셈식을 완성하고 뺄셈식으로 나타내어 보세요.

**1**  11  8  3

덧셈식  $3+\boxed{\phantom{0}}=\boxed{\phantom{0}}$

$8+\boxed{\phantom{0}}=\boxed{\phantom{0}}$

뺄셈식 ＿＿＿＿＿＿ , ＿＿＿＿＿＿

**5**  39  61  22

덧셈식  $39+\boxed{\phantom{0}}=\boxed{\phantom{0}}$

$\boxed{\phantom{0}}+39=\boxed{\phantom{0}}$

뺄셈식 ＿＿＿＿＿＿ , ＿＿＿＿＿＿

**2**  17  24  7

덧셈식  $17+\boxed{\phantom{0}}=\boxed{\phantom{0}}$

$7+\boxed{\phantom{0}}=\boxed{\phantom{0}}$

뺄셈식 ＿＿＿＿＿＿ , ＿＿＿＿＿＿

**6**  19  57  76

덧셈식  $\boxed{\phantom{0}}+19=\boxed{\phantom{0}}$

$\boxed{\phantom{0}}+57=\boxed{\phantom{0}}$

뺄셈식 ＿＿＿＿＿＿ , ＿＿＿＿＿＿

**3**  18  15  33

덧셈식  $\boxed{\phantom{0}}+15=\boxed{\phantom{0}}$

$15+\boxed{\phantom{0}}=\boxed{\phantom{0}}$

뺄셈식 ＿＿＿＿＿＿ , ＿＿＿＿＿＿

**7**  85  38  47

덧셈식  $38+\boxed{\phantom{0}}=\boxed{\phantom{0}}$

$\boxed{\phantom{0}}+38=\boxed{\phantom{0}}$

뺄셈식 ＿＿＿＿＿＿ , ＿＿＿＿＿＿

**4**  25  41  16

덧셈식  $25+\boxed{\phantom{0}}=\boxed{\phantom{0}}$

$\boxed{\phantom{0}}+25=\boxed{\phantom{0}}$

뺄셈식 ＿＿＿＿＿＿ , ＿＿＿＿＿＿

**8**  36  91  55

덧셈식  $\boxed{\phantom{0}}+55=\boxed{\phantom{0}}$

$55+\boxed{\phantom{0}}=\boxed{\phantom{0}}$

뺄셈식 ＿＿＿＿＿＿ , ＿＿＿＿＿＿

🧒 세 수를 이용하여 뺄셈식을 완성하고 덧셈식으로 나타내어 보세요.

**9**　　　7　9　16

뺄셈식 □ − □ =7
　　　　□ − □ =9

덧셈식 ＿＿＿＿＿＿＿ , ＿＿＿＿＿＿＿

**10**　　　6　21　15

뺄셈식 □ −15= □
　　　　□ −6= □

덧셈식 ＿＿＿＿＿＿＿ , ＿＿＿＿＿＿＿

**11**　　　44　16　28

뺄셈식 □ − □ =16
　　　　□ −16= □

덧셈식 ＿＿＿＿＿＿＿ , ＿＿＿＿＿＿＿

**12**　　　27　52　25

뺄셈식 □ −27= □
　　　　□ − □ =27

덧셈식 ＿＿＿＿＿＿＿ , ＿＿＿＿＿＿＿

**13**　　　46　65　19

뺄셈식 □ −46= □
　　　　□ − □ =46

덧셈식 ＿＿＿＿＿＿＿ , ＿＿＿＿＿＿＿

**14**　　　29　49　78

뺄셈식 □ − □ =29
　　　　□ −29= □

덧셈식 ＿＿＿＿＿＿＿ , ＿＿＿＿＿＿＿

**15**　　　82　37　45

뺄셈식 □ −45= □
　　　　□ −37= □

덧셈식 ＿＿＿＿＿＿＿ , ＿＿＿＿＿＿＿

**16**　　　93　75　18

뺄셈식 □ − □ =18
　　　　□ −18= □

덧셈식 ＿＿＿＿＿＿＿ , ＿＿＿＿＿＿＿

| 맞힌 개수 | 나의 학습 결과에 ○표 하세요. | | | |
|---|---|---|---|---|
| | 맞힌 개수 | 0~2개 | 3~8개 | 9~14개 | 15~16개 |
| 개 /16개 | 학습 방법 | 다시 한번 풀어 봐요. | 계산 연습이 필요해요. | 틀린 문제를 확인해요. | 실수하지 않도록 집중해요. |

QR 빠른정답 확인

## 03일차    2. 덧셈식에서 ☐의 값 구하기

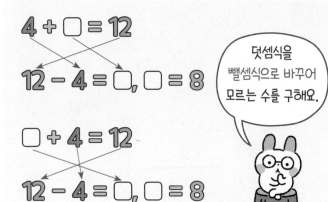

$$4 + \square = 12$$
$$12 - 4 = \square, \ \square = 8$$
$$\square + 4 = 12$$
$$12 - 4 = \square, \ \square = 8$$

덧셈식을 뺄셈식으로 바꾸어 모르는 수를 구해요.

🐾 ☐ 안에 알맞은 수를 써넣으세요.

**1**   $7 + \blacksquare = 11$

$$11 - 7 = \blacksquare, \ \blacksquare = \boxed{\phantom{0}}$$

**2**   $8 + \blacksquare = 23$

$$\boxed{\phantom{0}} - \boxed{\phantom{0}} = \blacksquare, \ \blacksquare = \boxed{\phantom{0}}$$

**3**   $16 + \blacksquare = 35$

$$\boxed{\phantom{0}} - \boxed{\phantom{0}} = \blacksquare, \ \blacksquare = \boxed{\phantom{0}}$$

**4**   $19 + \blacksquare = 46$

$$\boxed{\phantom{0}} - \boxed{\phantom{0}} = \blacksquare, \ \blacksquare = \boxed{\phantom{0}}$$

**5**   $28 + \blacksquare = 52$

$$\boxed{\phantom{0}} - \boxed{\phantom{0}} = \blacksquare, \ \blacksquare = \boxed{\phantom{0}}$$

**6**   $15 + \blacksquare = 54$

$$\boxed{\phantom{0}} - \boxed{\phantom{0}} = \blacksquare, \ \blacksquare = \boxed{\phantom{0}}$$

**7**   $29 + \blacksquare = 66$

$$\boxed{\phantom{0}} - \boxed{\phantom{0}} = \blacksquare, \ \blacksquare = \boxed{\phantom{0}}$$

**8**   $25 + \blacksquare = 71$

$$\boxed{\phantom{0}} - \boxed{\phantom{0}} = \blacksquare, \ \blacksquare = \boxed{\phantom{0}}$$

**9**   $17 + \blacksquare = 74$

$$\boxed{\phantom{0}} - \boxed{\phantom{0}} = \blacksquare, \ \blacksquare = \boxed{\phantom{0}}$$

**10**   $55 + \blacksquare = 82$

$$\boxed{\phantom{0}} - \boxed{\phantom{0}} = \blacksquare, \ \blacksquare = \boxed{\phantom{0}}$$

**11**   $38 + \blacksquare = 87$

$$\boxed{\phantom{0}} - \boxed{\phantom{0}} = \blacksquare, \ \blacksquare = \boxed{\phantom{0}}$$

**12**   $69 + \blacksquare = 94$

$$\boxed{\phantom{0}} - \boxed{\phantom{0}} = \blacksquare, \ \blacksquare = \boxed{\phantom{0}}$$

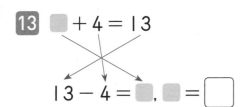

**13** ☐ + 4 = 13

13 − 4 = ☐, ☐ = ☐

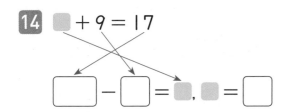

**14** ☐ + 9 = 17

☐ − ☐ = ☐, ☐ = ☐

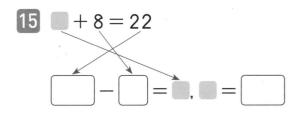

**15** ☐ + 8 = 22

☐ − ☐ = ☐, ☐ = ☐

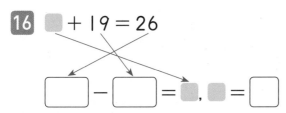

**16** ☐ + 19 = 26

☐ − ☐ = ☐, ☐ = ☐

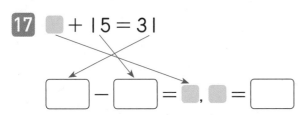

**17** ☐ + 15 = 31

☐ − ☐ = ☐, ☐ = ☐

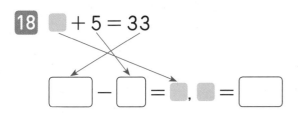

**18** ☐ + 5 = 33

☐ − ☐ = ☐, ☐ = ☐

**19** ☐ + 26 = 45

☐ − ☐ = ☐, ☐ = ☐

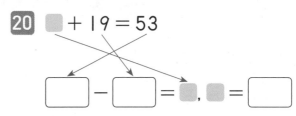

**20** ☐ + 19 = 53

☐ − ☐ = ☐, ☐ = ☐

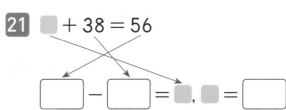

**21** ☐ + 38 = 56

☐ − ☐ = ☐, ☐ = ☐

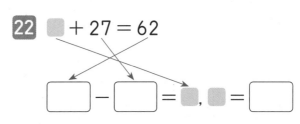

**22** ☐ + 27 = 62

☐ − ☐ = ☐, ☐ = ☐

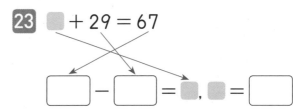

**23** ☐ + 29 = 67

☐ − ☐ = ☐, ☐ = ☐

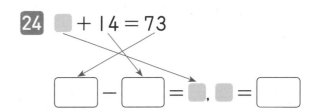

**24** ☐ + 14 = 73

☐ − ☐ = ☐, ☐ = ☐

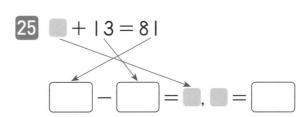

**25** ☐ + 13 = 81

☐ − ☐ = ☐, ☐ = ☐

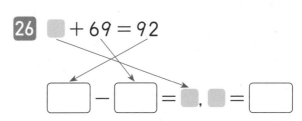

**26** ☐ + 69 = 92

☐ − ☐ = ☐, ☐ = ☐

| 맞힌 개수 | 나의 학습 결과에 ○표 하세요. | | | |
|---|---|---|---|---|
| | 맞힌 개수 | 0~3개 | 4~13개 | 14~23개 | 24~26개 |
| 개 /26개 | 학습 방법 | 다시 한번 풀어 봐요. | 계산 연습이 필요해요. | 틀린 문제를 확인해요. | 실수하지 않도록 집중해요. |

QR 빠른정답 확인

🍇 ☐ 안에 알맞은 수를 써넣으세요.

**1** $7+\boxed{\phantom{00}}=12$

**2** $9+\boxed{\phantom{00}}=15$

**3** $8+\boxed{\phantom{00}}=21$

**4** $15+\boxed{\phantom{00}}=24$

**5** $17+\boxed{\phantom{00}}=32$

**6** $28+\boxed{\phantom{00}}=36$

**7** $18+\boxed{\phantom{00}}=45$

**8** $29+\boxed{\phantom{00}}=48$

**9** $35+\boxed{\phantom{00}}=51$

**10** $27+\boxed{\phantom{00}}=56$

**11** $\boxed{\phantom{00}}+16=63$

**12** $\boxed{\phantom{00}}+47=64$

**13** $\boxed{\phantom{00}}+38=72$

**14** $\boxed{\phantom{00}}+36=75$

**15** $\boxed{\phantom{00}}+39=76$

**16** $\boxed{\phantom{00}}+58=83$

**17** $\boxed{\phantom{00}}+48=84$

**18** $\boxed{\phantom{00}}+57=85$

**19** $\boxed{\phantom{00}}+22=91$

**20** $\boxed{\phantom{00}}+37=95$

**21** $\boxed{\phantom{00}}+49=97$

**연산 in 문장제**

닭장에 병아리가 15마리 있습니다. 병아리가 몇 마리 더 태어났더니
34마리가 되었습니다. 태어난 병아리는 몇 마리인지 구해 보세요.

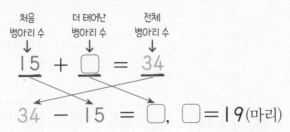

$$15 + \square = 34$$
$$34 - 15 = 19$$

$$34 - 15 = \square, \quad \square = 19 \text{(마리)}$$

22 빵집에 케이크가 26개 있습니다. 케이크를 몇 개 더 구웠더니 43개가 되었습니다. 더 구운 케이크는 몇 개인지 구해 보세요.

➡

답 _____

23 기차 안에 승객이 몇 명 있습니다. 다음 기차역에서 아무도 내리지 않고 28명이 더 타서 66명이 되었습니다. 기차 안에 있던 승객은 몇 명인지 구해 보세요.

➡

답 _____

24 서우는 동화책을 56쪽까지 읽고 몇 쪽을 더 읽었더니 71쪽까지 읽었습니다. 몇 쪽을 더 읽었는지 구해 보세요.

➡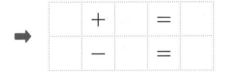

답 _____

25 분식집에서 김밥 49줄을 판매하고 몇 줄을 더 판매했더니 86줄을 판매하였습니다. 몇 줄을 더 판매했는지 구해 보세요.

➡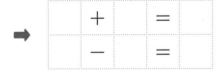

답 _____

26 영화관에서 지난주에 만화영화를 몇 회 상영하고 이번 주에 38회 더 상영하여 모두 96회를 상영하였습니다. 지난주에 만화영화를 몇 회 상영하였는지 구해 보세요.

➡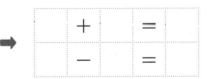

답 _____

| 맞힌 개수 | 나의 학습 결과에 ○표 하세요. | | | | | QR 빠른 정답 확인 |
|---|---|---|---|---|---|---|
| | 맞힌 개수 | 0~3개 | 4~13개 | 14~23개 | 24~26개 |  |
| 개 / 26개 | 학습 방법 | 다시 한번 풀어 봐요. | 계산 연습이 필요해요. | 틀린 문제를 확인해요. | 실수하지 않도록 집중해요. | |

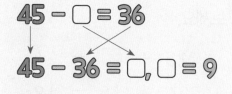

$45 - \square = 36$

$45 - 36 = \square, \quad \square = 9$

$\square - 9 = 36$

$36 + 9 = \square, \quad \square = 45$

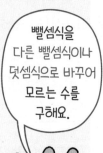

뺄셈식을 다른 뺄셈식이나 덧셈식으로 바꾸어 모르는 수를 구해요.

🍇 □ 안에 알맞은 수를 써넣으세요.

**1** $14 - \blacksquare = 7$

$14 - 7 = \blacksquare, \quad \blacksquare = \boxed{\phantom{0}}$

**2** $22 - \blacksquare = 6$

$\boxed{\phantom{0}} - \boxed{\phantom{0}} = \blacksquare, \quad \blacksquare = \boxed{\phantom{0}}$

**3** $35 - \blacksquare = 17$

$\boxed{\phantom{0}} - \boxed{\phantom{0}} = \blacksquare, \quad \blacksquare = \boxed{\phantom{0}}$

**4** $41 - \blacksquare = 28$

$\boxed{\phantom{0}} - \boxed{\phantom{0}} = \blacksquare, \quad \blacksquare = \boxed{\phantom{0}}$

**5** $55 - \blacksquare = 26$

$\boxed{\phantom{0}} - \boxed{\phantom{0}} = \blacksquare, \quad \blacksquare = \boxed{\phantom{0}}$

**6** $64 - \blacksquare = 29$

$\boxed{\phantom{0}} - \boxed{\phantom{0}} = \blacksquare, \quad \blacksquare = \boxed{\phantom{0}}$

**7** $68 - \blacksquare = 19$

$\boxed{\phantom{0}} - \boxed{\phantom{0}} = \blacksquare, \quad \blacksquare = \boxed{\phantom{0}}$

**8** $73 - \blacksquare = 48$

$\boxed{\phantom{0}} - \boxed{\phantom{0}} = \blacksquare, \quad \blacksquare = \boxed{\phantom{0}}$

**9** $77 - \blacksquare = 39$

$\boxed{\phantom{0}} - \boxed{\phantom{0}} = \blacksquare, \quad \blacksquare = \boxed{\phantom{0}}$

**10** $86 - \blacksquare = 18$

$\boxed{\phantom{0}} - \boxed{\phantom{0}} = \blacksquare, \quad \blacksquare = \boxed{\phantom{0}}$

**11** $88 - \blacksquare = 49$

$\boxed{\phantom{0}} - \boxed{\phantom{0}} = \blacksquare, \quad \blacksquare = \boxed{\phantom{0}}$

**12** $98 - \blacksquare = 9$

$\boxed{\phantom{0}} - \boxed{\phantom{0}} = \blacksquare, \quad \blacksquare = \boxed{\phantom{0}}$

13　■−5=8

8+5=■, ■ = ☐

20　■−36=25

☐ + ☐ = ■, ■ = ☐

14　■−16=9

☐ + ☐ = ■, ■ = ☐

21　■−47=18

☐ + ☐ = ■, ■ = ☐

15　■−19=2

☐ + ☐ = ■, ■ = ☐

22　■−35=37

☐ + ☐ = ■, ■ = ☐

16　■−28=9

☐ + ☐ = ■, ■ = ☐

23　■−18=59

☐ + ☐ = ■, ■ = ☐

17　■−27=17

☐ + ☐ = ■, ■ = ☐

24　■−17=67

☐ + ☐ = ■, ■ = ☐

18　■−38=15

☐ + ☐ = ■, ■ = ☐

25　■−46=39

☐ + ☐ = ■, ■ = ☐

19　■−19=39

☐ + ☐ = ■, ■ = ☐

26　■−35=58

☐ + ☐ = ■, ■ = ☐

| 맞힌 개수 | 나의 학습 결과에 ○표 하세요. | | | | QR 빠른 정답 확인 |
|---|---|---|---|---|---|
| | 맞힌 개수 | 0~3개 | 4~13개 | 14~23개 | 24~26개 | |
| 개 /26개 | 학습 방법 | 다시 한번 풀어 봐요. | 계산 연습이 필요해요. | 틀린 문제를 확인해요. | 실수하지 않도록 집중해요. | |

● □ 안에 알맞은 수를 써넣으세요.

**1** $11 - \boxed{\phantom{0}} = 2$

**2** $12 - \boxed{\phantom{0}} = 9$

**3** $24 - \boxed{\phantom{0}} = 16$

**4** $26 - \boxed{\phantom{0}} = 8$

**5** $31 - \boxed{\phantom{0}} = 25$

**6** $32 - \boxed{\phantom{0}} = 18$

**7** $43 - \boxed{\phantom{0}} = 15$

**8** $46 - \boxed{\phantom{0}} = 29$

**9** $51 - \boxed{\phantom{0}} = 26$

**10** $54 - \boxed{\phantom{0}} = 38$

**11** $62 - \boxed{\phantom{0}} = 39$

**12** $\boxed{\phantom{0}} - 47 = 19$

**13** $\boxed{\phantom{0}} - 39 = 28$

**14** $\boxed{\phantom{0}} - 28 = 46$

**15** $\boxed{\phantom{0}} - 49 = 27$

**16** $\boxed{\phantom{0}} - 23 = 58$

**17** $\boxed{\phantom{0}} - 46 = 36$

**18** $\boxed{\phantom{0}} - 59 = 24$

**19** $\boxed{\phantom{0}} - 45 = 49$

**20** $\boxed{\phantom{0}} - 69 = 27$

**21** $\boxed{\phantom{0}} - 59 = 38$

**연산 in 문장제**

치킨 25조각 중에서 동생에게 몇 조각을 주었더니 19조각이 남았습니다.
동생에게 준 치킨은 몇 조각인지 구해 보세요.

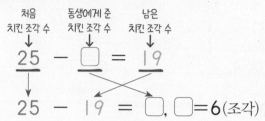

| 25 | − | □ | = | 19 |
|----|---|---|---|----|
| 25 | − | 19 | = | 6 |

---

**22** 도서관에 있는 동화책 33권 중에서 학생들이 몇 권을 빌려 가서 6권이 남았습니다. 학생들이 빌려 간 동화책은 몇 권인지 구해 보세요. ➡

| | − | | = | |
|---|---|---|---|---|
| | − | | = | |

답 _____

**23** 가지고 있는 색종이 중에서 37장을 사용하여 종이학을 만들었더니 15장이 남았습니다. 처음에 가지고 있던 색종이는 몇 장인지 구해 보세요. ➡

| | − | | = | |
|---|---|---|---|---|
| | + | | = | |

답 _____

**24** 땅콩 71알 중에서 몇 알을 먹었더니 26알이 남았습니다. 먹은 땅콩은 몇 알인지 구해 보세요. ➡

| | − | | = | |
|---|---|---|---|---|
| | − | | = | |

답 _____

**25** 꽃 87송이 중에서 몇 송이를 사용하여 꽃다발을 만들었더니 69송이가 남았습니다. 꽃다발을 만드는 데 사용한 꽃은 몇 송이인지 구해 보세요. ➡

| | − | | = | |
|---|---|---|---|---|
| | − | | = | |

답 _____

**26** 운동장에서 놀고 있는 어린이 중에서 57명은 교실로 들어가고 35명이 남았습니다. 처음 운동장에서 놀고 있던 어린이는 몇 명인지 구해 보세요. ➡

| | − | | = | |
|---|---|---|---|---|
| | + | | = | |

답 _____

---

| 맞힌 개수 | | 나의 학습 결과에 ○표 하세요. | | | | QR 빠른정답 확인 |
|---|---|---|---|---|---|---|
| | 맞힌 개수 | 0~3개 | 4~13개 | 14~23개 | 24~26개 |  |
| 개 /26개 | 학습 방법 | 다시 한번 풀어 봐요. | 계산 연습이 필요해요. | 틀린 문제를 확인해요. | 실수하지 않도록 집중해요. | |

# 07 일차

## 4. 세 수의 덧셈

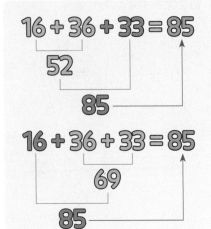

$$16 + 36 + 33 = 85$$
52
85

$$16 + 36 + 33 = 85$$
69
85

세 수의 덧셈은
순서를 바꾸어
계산해도
결과가 같아요.

😺 계산해 보세요.

**1** $31 + 29 + 8 =$ ☐
60
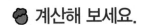

**2** $16 + 5 + 33 =$ ☐
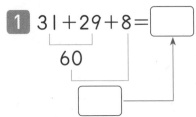

**3** $42 + 8 + 36 =$ ☐
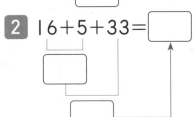

**4** $67 + 9 + 18 =$ ☐
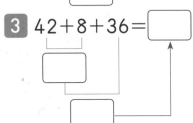

**5** $19 + 42 + 13 =$ ☐
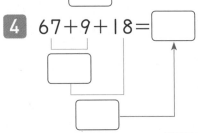

**6** $13 + 63 + 6 =$ ☐
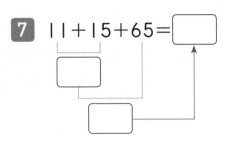

**7** $11 + 15 + 65 =$ ☐

**8** $17 + 24 + 8 =$ ☐
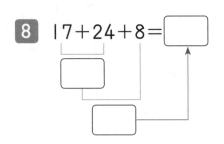

**9** $28 + 27 + 38 =$ ☐
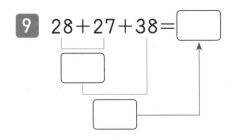

**10** $13 + 38 + 7 =$ ☐
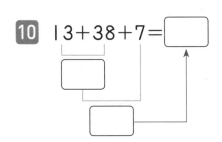

**11** $22 + 19 + 30 =$ ☐
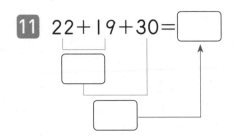

12 30+19+39= ▢

58

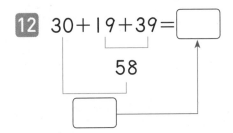

13 17+15+19= ▢

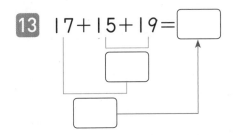

14 27+18+52= ▢

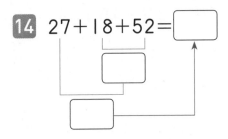

15 54+4+19= ▢

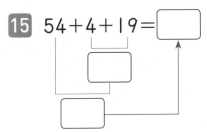

16 23+66+9= ▢

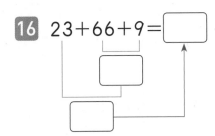

17 21+15+7= ▢

18 25+37+25= ▢

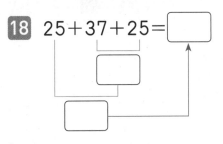

19 63+8+22= ▢

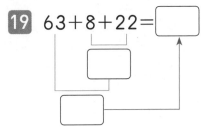

20 15+4+77= ▢

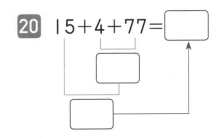

21 28+44+12= ▢

22 4+18+9= ▢

23 47+8+25= ▢

| 맞힌 개수 | 나의 학습 결과에 ○표 하세요. | | | | QR 빠른정답 확인 |
|---|---|---|---|---|---|
| | 맞힌 개수 | 0~2개 | 3~11개 | 12~21개 | 22~23개 |
| 개 / 23개 | 학습 방법 | 다시 한번 풀어 봐요. | 계산 연습이 필요해요. | 틀린 문제를 확인해요. | 실수하지 않도록 집중해요. |

🌰 계산해 보세요.

**1** 29+21+32

```
    2 9        5 0
  + 2 1      + 3 2
    5 0
```

**6** 56+16+27

```
    5 6
  + 1 6      + 2 7
```

**11** 26+37+12

```
    2 6
  + 3 7      + 1 2
```

**2** 42+27+24

```
    4 2
  + 2 7      + 2 4
```

**7** 6+52+16

```
      6
  + 5 2      + 1 6
```

**12** 12+45+14

```
    1 2
  + 4 5      + 1 4
```

**3** 14+19+9

```
    1 4
  + 1 9      +   9
```

**8** 64+8+25

```
    6 4
  +   8      + 2 5
```

**13** 51+29+4

```
    5 1
  + 2 9      +   4
```

**4** 2+9+15

```
      2
  +   9      + 1 5
```

**9** 38+23+14

```
    3 8
  + 2 3      + 1 4
```

**14** 34+49+8

```
    3 4
  + 4 9      +   8
```

**5** 5+6+49

```
      5
  +   6      + 4 9
```

**10** 47+37+7

```
    4 7
  + 3 7      +   7
```

**15** 23+59+14

```
    2 3
  + 5 9      + 1 4
```

**16**　38+9+22

```
    9
+  2 2
```
→
```
+  3 8
```

**17**　6+39+47

```
    3 9
+  4 7
```
→
```
+    6
```

**18**　65+16+17

```
    1 6
+  1 7
```
→
```
+  6 5
```

**19**　69+14+8

```
    1 4
+    8
```
→
```
+  6 9
```

**20**　24+39+12

```
    3 9
+  1 2
```
→
```
+  2 4
```

**21**　15+19+13

```
    1 9
+  1 3
```
→
```
+  1 5
```

**22**　14+14+58

```
    1 4
+  5 8
```
→
```
+  1 4
```

**23**　48+35+7

```
    3 5
+    7
```
→
```
+  4 8
```

**24**　54+13+16

```
    1 3
+  1 6
```
→
```
+  5 4
```

**25**　26+53+15

```
    5 3
+  1 5
```
→
```
+  2 6
```

**26**　16+16+36

```
    1 6
+  3 6
```
→
```
+  1 6
```

**27**　62+18+5

```
    1 8
+    5
```
→
```
+  6 2
```

**28**　19+68+11

```
    6 8
+  1 1
```
→
```
+  1 9
```

**29**　79+2+12

```
    2
+  1 2
```
→
```
+  7 9
```

**30**　14+52+25

```
    5 2
+  2 5
```
→
```
+  1 4
```

| 맞힌 개수 | 나의 학습 결과에 ○표 하세요. | | | | QR 빠른정답 확인 |
|---|---|---|---|---|---|
| | 맞힌 개수 | 0~3개 | 4~15개 | 16~27개 | 28~30개 |
| 개 /30개 | 학습 방법 | 다시 한번 풀어 봐요. | 계산 연습이 필요해요. | 틀린 문제를 확인해요. | 실수하지 않도록 집중해요. |

## 4. 세 수의 덧셈

🥬 계산해 보세요.

**1**  35＋43＋19

> 앞에서부터 차근차근 계산해요!

**2**  6＋15＋22

**3**  32＋29＋16

**4**  47＋18＋25

**5**  31＋37＋13

**6**  13＋8＋8

**7**  68＋5＋7

**8**  58＋6＋20

**9**  34＋3＋24

**10**  35＋32＋26

**11**  24＋38＋9

**12**  26＋23＋8

**13**  28＋32＋26

**14**  48＋31＋17

**15**  78＋2＋15

**16**  17＋27＋21

**17**  23＋25＋27

**18**  14＋29＋23

**19**  57＋14＋19

**20**  13＋54＋15

**21**  7＋13＋76

### 연산 in 문장제

주말농장에서 딸기를 시은이는 23개, 아빠는 45개, 엄마는 28개 땄습니다. 시은이네 가족이 딴 딸기는 모두 몇 개인지 구해 보세요.

```
    2 3           6 8
 +  4 5        +  2 8
 ───────       ───────
    6 8           9 6
```

$$\underset{\substack{\uparrow \\ \text{시은이가 딴} \\ \text{딸기 수}}}{23} + \underset{\substack{\uparrow \\ \text{아빠가 딴} \\ \text{딸기 수}}}{45} + \underset{\substack{\uparrow \\ \text{엄마가 딴} \\ \text{딸기 수}}}{28} = \underset{\substack{\uparrow \\ \text{시은이네 가족이 딴} \\ \text{딸기 수}}}{96}\text{(개)}$$

**22** 초콜릿을 서우는 38개, 이준이는 24개, 하진이는 12개 가지고 있습니다. 서우, 이준, 하진이가 가지고 있는 초콜릿은 모두 몇 개인지 구해 보세요.

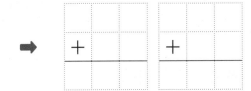

답 _____

**23** 다은이는 동화책을 그제 8쪽, 어제 26쪽, 오늘 35쪽을 읽었습니다. 다은이가 3일 동안 읽은 동화책은 모두 몇 쪽인지 구해 보세요.

답 _____

**24** 동물원에 77명의 어린이가 있었는데 남자 어린이 9명, 여자 어린이 5명이 더 입장했습니다. 동물원에 있는 어린이는 모두 몇 명인지 구해 보세요.

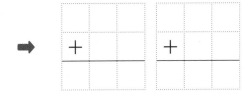

답 _____

**25** 주현이는 칭찬 스티커를 51장 가지고 있었는데 지난 주에 7장, 이번 주에 14장을 더 받았습니다. 주현이가 가지고 있는 칭찬 스티커는 모두 몇 장인지 구해 보세요.

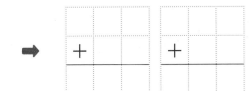

답 _____

**26** 마트에 오렌지주스 6병, 포도주스 34병, 토마토주스 53병이 있습니다. 마트에 있는 오렌지주스, 포도주스, 토마토주스는 모두 몇 병인지 구해 보세요.

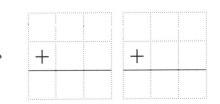

답 _____

| 맞힌 개수 | 나의 학습 결과에 ○표 하세요. | | | |
|---|---|---|---|---|
| | 맞힌 개수 | 0~3개 | 4~13개 | 14~23개 | 24~26개 |
| 개 /26개 | 학습 방법 | 다시 한번 풀어 봐요. | 계산 연습이 필요해요. | 틀린 문제를 확인해요. | 실수하지 않도록 집중해요. |

QR 빠른 정답 확인

# 10일차　5. 세 수의 뺄셈

$$68 - 35 - 8 = 25$$
　　33
　　　　25

주의!!
68-35-8에서 35-8을
먼저 계산하면 안돼요.

세 수의 뺄셈은
앞에서부터 계산해요!
순서를 바꾸어
계산하면 틀린 답이
나와요.

🍫 계산해 보세요.

1  $13 - 5 - 2 = \square$
　　　8

2  $15 - 8 - 4 = \square$

3  $22 - 4 - 7 = \square$

4  $24 - 15 - 3 = \square$

5  $25 - 9 - 11 = \square$

6  $30 - 6 - 8 = \square$

7  $33 - 17 - 7 = \square$

8  $37 - 14 - 18 = \square$

9  $41 - 25 - 12 = \square$

10  $46 - 39 - 5 = \square$

11  $47 - 11 - 17 = \square$

12 51 − 23 − 14 = □

13 57 − 26 − 22 = □

14 58 − 15 − 8 = □

15 63 − 19 − 5 = □

16 67 − 42 − 18 = □

17 72 − 33 − 7 = □

18 75 − 34 − 19 = □

19 81 − 52 − 16 = □

20 82 − 15 − 18 = □

21 89 − 38 − 43 = □

22 90 − 26 − 49 = □

23 97 − 28 − 28 = □

| 맞힌 개수 | 나의 학습 결과에 ○표 하세요. | | | | |
|---|---|---|---|---|---|
| | 맞힌 개수 | 0~2개 | 3~11개 | 12~21개 | 22~23개 |
| 개 / 23개 | 학습 방법 | 다시 한번 풀어 봐요. | 계산 연습이 필요해요. | 틀린 문제를 확인해요. | 실수하지 않도록 집중해요. |

QR 빠른 정답 확인

🍫 계산해 보세요.

**1**　16−8−5

```
  1 6        8
−   8     − 5
    8      ☐
```

**2**　18−9−3

```
  1 8       ☐
−   9     − 3
  ☐        ☐
```

**3**　21−8−6

```
  2 1       ☐
−   8     − 6
  ☐        ☐
```

**4**　23−4−7

```
  2 3       ☐
−   4     − 7
  ☐        ☐
```

**5**　32−5−19

```
  3 2       ☐
−   5     − 1 9
  ☐        ☐
```

**6**　39−15−16

```
  3 9       ☐
− 1 5     − 1 6
  ☐        ☐
```

**7**　40−14−8

```
  4 0       ☐
− 1 4     −   8
  ☐        ☐
```

**8**　42−19−7

```
  4 2       ☐
− 1 9     −   7
  ☐        ☐
```

**9**　47−28−14

```
  4 7       ☐
− 2 8     − 1 4
  ☐        ☐
```

**10**　49−32−8

```
  4 9       ☐
− 3 2     −   8
  ☐        ☐
```

**11**　54−21−28

```
  5 4       ☐
− 2 1     − 2 8
  ☐        ☐
```

**12**　55−26−6

```
  5 5       ☐
− 2 6     −   6
  ☐        ☐
```

**13**　56−17−15

```
  5 6       ☐
− 1 7     − 1 5
  ☐        ☐
```

**14**　59−33−19

```
  5 9       ☐
− 3 3     − 1 9
  ☐        ☐
```

**15**　64−13−23

```
  6 4       ☐
− 1 3     − 2 3
  ☐        ☐
```

**16** 66−14−36

```
    6 6          ┌───┐
  − 1 4    →     └───┘
  ─────          − 3 6
  ┌───┐          ┌───┐
  └───┘          └───┘
```

**17** 68−37−23

```
    6 8          ┌───┐
  − 3 7    →     └───┘
  ─────          − 2 3
  ┌───┐          ┌───┐
  └───┘          └───┘
```

**18** 70−25−26

```
    7 0          ┌───┐
  − 2 5    →     └───┘
  ─────          − 2 6
  ┌───┐          ┌───┐
  └───┘          └───┘
```

**19** 71−14−9

```
    7 1          ┌───┐
  − 1 4    →     └───┘
  ─────          −   9
  ┌───┐          ┌───┐
  └───┘          └───┘
```

**20** 73−64−6

```
    7 3          ┌───┐
  − 6 4    →     └───┘
  ─────          −   6
  ┌───┐          ┌───┐
  └───┘          └───┘
```

**21** 77−27−15

```
    7 7          ┌───┐
  − 2 7    →     └───┘
  ─────          − 1 5
  ┌───┐          ┌───┐
  └───┘          └───┘
```

**22** 78−13−38

```
    7 8          ┌───┐
  − 1 3    →     └───┘
  ─────          − 3 8
  ┌───┐          ┌───┐
  └───┘          └───┘
```

**23** 81−5−39

```
    8 1          ┌───┐
  −   5    →     └───┘
  ─────          − 3 9
  ┌───┐          ┌───┐
  └───┘          └───┘
```

**24** 84−52−26

```
    8 4          ┌───┐
  − 5 2    →     └───┘
  ─────          − 2 6
  ┌───┐          ┌───┐
  └───┘          └───┘
```

**25** 86−15−24

```
    8 6          ┌───┐
  − 1 5    →     └───┘
  ─────          − 2 4
  ┌───┐          ┌───┐
  └───┘          └───┘
```

**26** 87−9−45

```
    8 7          ┌───┐
  −   9    →     └───┘
  ─────          − 4 5
  ┌───┐          ┌───┐
  └───┘          └───┘
```

**27** 90−44−27

```
    9 0          ┌───┐
  − 4 4    →     └───┘
  ─────          − 2 7
  ┌───┐          ┌───┐
  └───┘          └───┘
```

**28** 92−17−46

```
    9 2          ┌───┐
  − 1 7    →     └───┘
  ─────          − 4 6
  ┌───┐          ┌───┐
  └───┘          └───┘
```

**29** 95−16−19

```
    9 5          ┌───┐
  − 1 6    →     └───┘
  ─────          − 1 9
  ┌───┐          ┌───┐
  └───┘          └───┘
```

**30** 96−67−7

```
    9 6          ┌───┐
  − 6 7    →     └───┘
  ─────          −   7
  ┌───┐          ┌───┐
  └───┘          └───┘
```

| 맞힌 개수 | 나의 학습 결과에 ○표 하세요. | | | | QR 빠른정답 확인 |
|---|---|---|---|---|---|
| | 맞힌 개수 | 0~3개 | 4~15개 | 16~27개 | 28~30개 |
| 개 /30개 | 학습 방법 | 다시 한번 풀어 봐요. | 계산 연습이 필요해요. | 틀린 문제를 확인해요. | 실수하지 않도록 집중해요. |

## 12 일차　5. 세 수의 뺄셈

😊 계산해 보세요.

**1** 31 − 14 − 2

> 뒤에서부터 계산하면
> 틀린 답이 나와요!

**2** 37 − 29 − 5

**3** 38 − 19 − 12

**4** 42 − 23 − 7

**5** 44 − 16 − 18

**6** 45 − 27 − 9

**7** 50 − 37 − 7

**8** 53 − 24 − 27

**9** 58 − 35 − 4

**10** 61 − 36 − 17

**11** 64 − 22 − 25

**12** 67 − 29 − 4

**13** 72 − 16 − 12

**14** 74 − 17 − 29

**15** 79 − 24 − 39

**16** 80 − 67 − 7

**17** 82 − 33 − 26

**18** 89 − 17 − 43

**19** 91 − 14 − 18

**20** 93 − 55 − 34

**21** 94 − 38 − 47

**연산 in 문장제**

채아가 가진 48개의 구슬 중에서 빨간 구슬은 15개,
노란 구슬은 24개, 나머지는 파란 구슬입니다. 파란 구슬
은 몇 개인지 구해 보세요.

$$48 - 15 - 24 = 9\,(개)$$

채아가 가진 　빨간 구슬　노란 구슬　파란 구슬
구슬 수　　　수　　　수　　　수

| | 4 | 8 | | | 3 | 3 |
|---|---|---|---|---|---|---|
| − | 1 | 5 | | − | 2 | 4 |
| | 3 | 3 | | | | 9 |

**22** 운동장에 46명의 어린이가 놀고 있었는데 19명은 교
실로 들어가고 8명은 집으로 갔습니다. 운동장에 남아
있는 어린이는 몇 명인지 구해 보세요.

답 _____

**23** 하진이는 퍼즐 60조각 중에서 어제 37조각, 오늘 18
조각을 맞추었습니다. 하진이가 맞추고 남은 퍼즐은 몇
조각인지 구해 보세요.

답 _____

**24** 이준이는 수학 문제 63개 중에서 어제 25개, 오늘
27개를 풀었습니다. 이준이가 풀고 남은 문제는 몇 개
인지 구해 보세요.

답 _____

**25** 서우는 딱지 85장 중에서 동생에게 36장, 언니에게
28장을 주었습니다. 서우에게 남은 딱지는 몇 장인지
구해 보세요.

답 _____

**26** 빵집에서 판매한 97개의 빵 중에서 단팥빵은 58개,
크림빵은 12개, 나머지는 피자빵입니다. 피자빵은 몇
개 판매했는지 구해 보세요.

답 _____

| 맞힌 개수 | | | | | |
|---|---|---|---|---|---|
| | | 나의 학습 결과에 ○표 하세요. | | | |
| 개 / 26개 | 맞힌 개수 | 0~3개 | 4~13개 | 14~23개 | 24~26개 |
| | 학습 방법 | 다시 한번 풀어 봐요. | 계산 연습이 필요해요. | 틀린 문제를 확인해요. | 실수하지 않도록 집중해요. |

QR 빠른 정답 확인

# 6. 세 수의 덧셈과 뺄셈

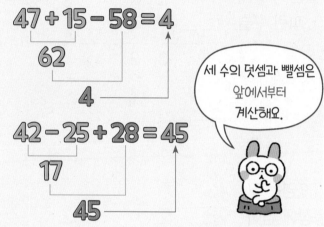

47 + 15 − 58 = 4
62
4

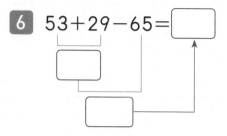

세 수의 덧셈과 뺄셈은 앞에서부터 계산해요.

42 − 25 + 28 = 45
17
45

🌰 계산해 보세요.

**1** 12+9−3=□
21
□

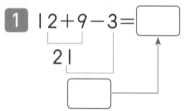

**2** 21+5−19=□
□
□

**3** 25+45−33=□
□
□

**4** 34+63−28=□
□
□

**5** 48+3−24=□
□
□

**6** 53+29−65=□
□
□

**7** 58+14−48=□
□
□

**8** 61+34−39=□
□
□

**9** 66+26−44=□
□
□

**10** 73+18−15=□
□
□

**11** 87+6−77=□
□
□

12  $11-4+5=\boxed{\phantom{00}}$
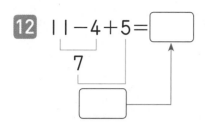

18  $51-43+38=\boxed{\phantom{00}}$
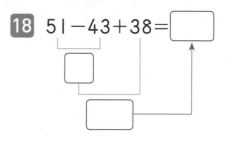

13  $16-7+14=\boxed{\phantom{00}}$
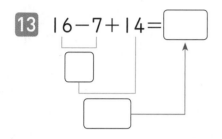

19  $55-28+39=\boxed{\phantom{00}}$
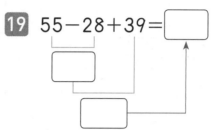

14  $23-16+37=\boxed{\phantom{00}}$
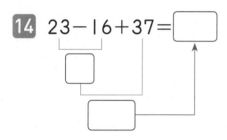

20  $64-17+48=\boxed{\phantom{00}}$
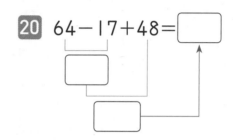

15  $24-8+15=\boxed{\phantom{00}}$
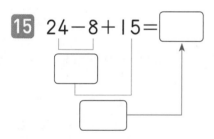

21  $86-59+67=\boxed{\phantom{00}}$

16  $45-9+36=\boxed{\phantom{00}}$
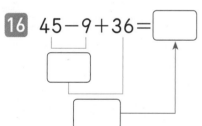

22  $91-65+26=\boxed{\phantom{00}}$

17  $46-18+57=\boxed{\phantom{00}}$

23  $97-29+6=\boxed{\phantom{00}}$

| 맞힌 개수 | 나의 학습 결과에 ○표 하세요. | | | | QR 빠른 정답 확인 |
|---|---|---|---|---|---|
| | 맞힌 개수 | 0~2개 | 3~11개 | 12~21개 | 22~23개 |
| 개 /23개 | 학습 방법 | 다시 한번 풀어 봐요. | 계산 연습이 필요해요. | 틀린 문제를 확인해요. | 실수하지 않도록 집중해요. |

**14일차** · **6. 세 수의 덧셈과 뺄셈**

😺 계산해 보세요.

**1** 13+7−5

```
    1 3      →   2 0
  +   7    −     5
    2 0        [ ]
```

**2** 16+47−29

```
    1 6      → [    ]
  + 4 7    −   2 9
  [    ]      [    ]
```

**3** 23+28−39

```
    2 3      → [    ]
  + 2 8    −   3 9
  [    ]      [    ]
```

**4** 26+35−45

```
    2 6      → [    ]
  + 3 5    −   4 5
  [    ]      [    ]
```

**5** 31+65−19

```
    3 1      → [    ]
  + 6 5    −   1 9
  [    ]      [    ]
```

**6** 45+48−76

```
    4 5      → [    ]
  + 4 8    −   7 6
  [    ]      [    ]
```

**7** 46+27−35

```
    4 6      → [    ]
  + 2 7    −   3 5
  [    ]      [    ]
```

**8** 54+16−37

```
    5 4      → [    ]
  + 1 6    −   3 7
  [    ]      [    ]
```

**9** 55+21−49

```
    5 5      → [    ]
  + 2 1    −   4 9
  [    ]      [    ]
```

**10** 62+22−18

```
    6 2      → [    ]
  + 2 2    −   1 8
  [    ]      [    ]
```

**11** 68+15−64

```
    6 8      → [    ]
  + 1 5    −   6 4
  [    ]      [    ]
```

**12** 75+16−63

```
    7 5      → [    ]
  + 1 6    −   6 3
  [    ]      [    ]
```

**13** 76+5−34

```
    7 6      → [    ]
  +   5    −   3 4
  [    ]      [    ]
```

**14** 79+12−26

```
    7 9      → [    ]
  + 1 2    −   2 6
  [    ]      [    ]
```

**15** 85+7−49

```
    8 5      → [    ]
  +   7    −   4 9
  [    ]      [    ]
```

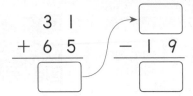

**16** 15−9+27

```
   1 5        →        6
 −   9        + 2 7
   6              □
```

**17** 21−17+39

```
   2 1        →  □
 − 1 7        + 3 9
   □              □
```

**18** 22−7+49

```
   2 2        →  □
 −   7        + 4 9
   □              □
```

**19** 32−26+48

```
   3 2        →  □
 − 2 6        + 4 8
   □              □
```

**20** 41−32+13

```
   4 1        →  □
 − 3 2        + 1 3
   □              □
```

**21** 53−35+5

```
   5 3        →  □
 − 3 5        +   5
   □              □
```

**22** 56−19+14

```
   5 6        →  □
 − 1 9        + 1 4
   □              □
```

**23** 61−23+36

```
   6 1        →  □
 − 2 3        + 3 6
   □              □
```

**24** 63−44+28

```
   6 3        →  □
 − 4 4        + 2 8
   □              □
```

**25** 64−29+9

```
   6 4        →  □
 − 2 9        +   9
   □              □
```

**26** 73−37+55

```
   7 3        →  □
 − 3 7        + 5 5
   □              □
```

**27** 78−53+38

```
   7 8        →  □
 − 5 3        + 3 8
   □              □
```

**28** 81−3+15

```
   8 1        →  □
 −   3        + 1 5
   □              □
```

**29** 88−42+38

```
   8 8        →  □
 − 4 2        + 3 8
   □              □
```

**30** 93−16+15

```
   9 3        →  □
 − 1 6        + 1 5
   □              □
```

맞힌 개수   개 /30개

나의 학습 결과에 ○표 하세요.

| 맞힌 개수 | 0~3개 | 4~15개 | 16~27개 | 28~30개 |
|---|---|---|---|---|
| 학습 방법 | 다시 한번 풀어 봐요. | 계산 연습이 필요해요. | 틀린 문제를 확인해요. | 실수하지 않도록 집중해요. |

QR 빠른정답 확인

🍡 계산해 보세요.

**1**   15+8−16

> 덧셈과 뺄셈이 섞여 있으면
> 앞에서부터 계산해요!

**2**   22+35−28

**3**   35+41−59

**4**   43+32−38

**5**   56+36−77

**6**   63+3−47

**7**   69+23−53

**8**   74+19−27

**9**   78+4−59

**10**   86+6−29

**11**   89+2−37

**12**   13−8+26

**13**   15−9+55

**14**   25−19+36

**15**   31−28+48

**16**   49−21+43

**17**   54−46+29

**18**   68−42+38

**19**   76−59+15

**20**   85−78+18

**21**   92−56+16

### 연산 in 문장제

버스에 17명이 타고 있었습니다. 버스 정류장에서 6명이 타고 4명이 내렸습니다. 버스에 몇 명이 타고 있는지 구해 보세요.

|   |   | 1 | 7 |   |   | 2 | 3 |
|---|---|---|---|---|---|---|---|
|   | + |   | 6 |   | − |   | 4 |
|   |   | 2 | 3 |   |   | 1 | 9 |

$$17 + 6 - 4 = 19 \text{(명)}$$

버스에 타고 있던 사람 수 / 버스를 탄 사람 수 / 버스에서 내린 사람 수 / 버스에 타고 있는 사람 수

---

**22** 공원에 참새가 24마리 있었는데 19마리가 더 날아오고 35마리가 날아갔습니다. 공원에 있는 참새는 몇 마리인지 구해 보세요.

답 _____

|   |   |   |
|---|---|---|
| + |   |   |

|   |   |   |
|---|---|---|
| − |   |   |

**23** 떡볶이 전문점에 떡볶이가 47인분 있었는데 31인분을 판매하고 67인분을 더 만들었습니다. 떡볶이는 몇 인분이 있는지 구해 보세요.

답 _____

|   |   |   |
|---|---|---|
| − |   |   |

|   |   |   |
|---|---|---|
| + |   |   |

**24** 옥수수 밭에서 옥수수를 서우는 53개, 예나는 39개를 땄습니다. 그중에서 58개를 혜지에게 주었습니다. 서우와 예나에게 남은 옥수수는 몇 개인지 구해 보세요.

답 _____

|   |   |   |
|---|---|---|
| + |   |   |

|   |   |   |
|---|---|---|
| − |   |   |

**25** 미술관에 74명이 있었는데 65명이 퇴장하고 34명이 더 입장했습니다. 미술관에 있는 사람은 몇 명인지 구해 보세요.

답 _____

|   |   |   |
|---|---|---|
| − |   |   |

|   |   |   |
|---|---|---|
| + |   |   |

**26** 주차장에 자동차가 89대 있었는데 27대기 나가고 25대가 새로 주차했습니다. 주차장에 남아 있는 자동차는 몇 대인지 구해 보세요.

답 _____

|   |   |   |
|---|---|---|
| − |   |   |

|   |   |   |
|---|---|---|
| + |   |   |

---

| 맞힌 개수 | 나의 학습 결과에 ○표 하세요. | | | | QR 빠른정답 확인 |
|---|---|---|---|---|---|
| 개 /26개 | 맞힌 개수 | 0~3개 | 4~13개 | 14~23개 | 24~26개 |
| | 학습 방법 | 다시 한번 풀어 봐요. | 계산 연습이 필요해요. | 틀린 문제를 확인해요. | 실수하지 않도록 집중해요. |

🌰 덧셈식은 뺄셈식으로, 뺄셈식은 덧셈식으로 나타내어 보세요.

**1**
$$5+6=11$$

< _____
  _____

**2**
$$24+8=32$$

< _____
  _____

**3**
$$18+25=43$$

< _____
  _____

**4**
$$17+39=56$$

< _____
  _____

**5**
$$71-28=43$$

< _____
  _____

**6**
$$88-59=29$$

< _____
  _____

**7**
$$94-26=68$$

< _____
  _____

🌰 ☐ 안에 알맞은 수를 써넣으세요.

**8** $7+\boxed{\phantom{00}}=21$

**9** $24+\boxed{\phantom{00}}=33$

**10** $15+\boxed{\phantom{00}}=42$

**11** $39+\boxed{\phantom{00}}=55$

**12** $\boxed{\phantom{00}}+26=61$

**13** $\boxed{\phantom{00}}+19=77$

**14** $\boxed{\phantom{00}}+35=84$

**15** $\boxed{\phantom{00}}+64=93$

16  24−□=19

17  33−□=25

18  47−□=38

19  51−□=14

20  □−17=63

21  □−19=76

22  □−28=54

23  □−68=29

🐾 계산해 보세요.

24  18+35+3

25  25+46+8

26  67+8+15

27  17+34+23

28  65−36−25

29  75−8−56

30  84−57−18

31  91−47−16

32  18+5−16

33  41+13−28

34  52+36−79

35  81+13−35

36  37−22+47

37  48−12+56

38  57−41+27

39  79−13+7

**40** 미술관에 그림 26점이 전시되어 있는데 몇 점을 더 전시하였더니 41점이 되었습니다. 몇 점을 더 전시했는지 구해 보세요.

답 _____

**41** 서우가 가지고 있는 연필 중에서 25자루를 친구에게 주었더니 29자루가 남았습니다. 서우가 처음에 가지고 있던 연필은 몇 자루인지 구해 보세요.

답 _____

**42** 공원에 있는 나무 82그루 중에서 몇 그루를 산으로 옮겨 심었더니 48그루가 남았습니다. 산으로 옮겨 심은 나무는 몇 그루인지 구해 보세요.

답 _____

**43** 목장에 소 28마리, 양 37마리, 염소 6마리가 있습니다. 목장에 있는 소, 양, 염소는 모두 몇 마리인지 구해 보세요.

답 _____

**44** 공 60개 중에서 탁구공은 15개, 축구공은 16개이고 나머지는 배구공입니다. 배구공은 몇 개인지 구해 보세요.

답 _____

**45** 이준이는 스티커 71장을 가지고 있었는데 23장을 더 모으고 48장을 동생에게 주었습니다. 이준이에게 남은 스티커는 몇 장인지 구해 보세요.

답 _____

**46** 도서관에 동화책이 95권 있었는데 일주일 동안 학생들이 66권을 빌려 가고 54권을 반납했습니다. 도서관에 남아 있는 동화책은 몇 권인지 구해 보세요.

답 _____

연산 노트

| 맞힌 개수 | 나의 학습 결과에 ○표 하세요. | | | | QR 빠른 정답 확인 |
|---|---|---|---|---|---|
| | 맞힌 개수 | 0~4개 | 5~23개 | 24~42개 | 43~46개 |
| 개 / 46개 | 학습 방법 | 다시 한번 풀어 봐요. | 계산 연습이 필요해요. | 틀린 문제를 확인해요. | 실수하지 않도록 집중해요. |

# 5

# 곱셈

| 학습 주제 | 학습 일차 | 맞힌 개수 |
|---|---|---|
| 1. 묶어 세기 | 01일 차 | /12 |
| | 02일 차 | /12 |
| 2. 몇의 몇 배 알아보기 | 03일 차 | /19 |
| | 04일 차 | /14 |
| 3. 곱셈식 알아보기 | 05일 차 | /13 |
| | 06일 차 | /19 |
| 4. 곱셈식으로 나타내기 | 07일 차 | /15 |
| | 08일 차 | /16 |
| 연산&문장제 마무리 | 09일 차 | /26 |

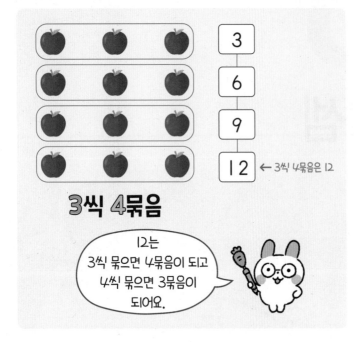

**3씩 4묶음**

12는
3씩 묶으면 4묶음이 되고
4씩 묶으면 3묶음이
되어요.

🌰 ☐ 안에 알맞은 수를 써넣으세요.

**1**

5씩 ☐ 묶음

수박은 5씩 몇 묶음일까요?

**2**

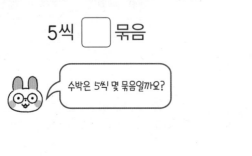

6씩 ☐ 묶음

**3**

8씩 ☐ 묶음

**4**

2씩 ☐ 묶음

**5**

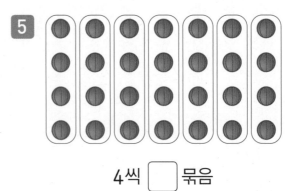

4씩 ☐ 묶음

**6**

3씩 ☐ 묶음

🍈 몇 개인지 묶어 세어 보세요.

**7**

2씩 ☐ 묶음

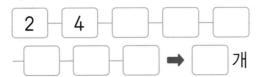

2 — 4 — ☐ — ☐ — ☐
☐ — ☐ — ☐ ➡ ☐ 개

**10**

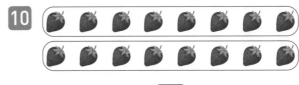

8씩 ☐ 묶음

☐ — ☐ ➡ ☐ 개

**8**

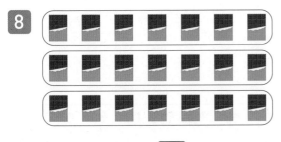

7씩 ☐ 묶음

☐ — ☐ — ☐ ➡ ☐ 개

**11**

3씩 ☐ 묶음

☐ — ☐ — ☐ — ☐ — ☐
➡ ☐ 개

**9**

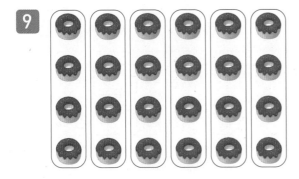

4씩 ☐ 묶음

☐ — ☐ — ☐ — ☐ — ☐ — ☐
➡ ☐ 개

**12**

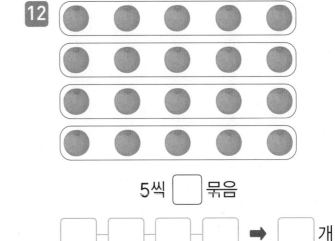

5씩 ☐ 묶음

☐ — ☐ — ☐ — ☐ ➡ ☐ 개

| 맞힌 개수 | 나의 학습 결과에 ○표 하세요. | | | | QR 빠른정답 확인 |
|---|---|---|---|---|---|
| | 맞힌 개수 | 0~1개 | 2~6개 | 7~11개 | 12개 |
| 개 /12개 | 학습 방법 | 다시 한번 풀어 봐요. | 계산 연습이 필요해요. | 틀린 문제를 확인해요. | 실수하지 않도록 집중해요. |

묶어 세어 보세요.

**1**

2씩 ☐ 묶음 ➡ ☐ 개

9씩 ☐ 묶음 ➡ ☐ 개

**4**

4씩 ☐ 묶음 ➡ ☐ 송이

3씩 ☐ 묶음 ➡ ☐ 송이

**2**

7씩 ☐ 묶음 ➡ ☐ 개

6씩 ☐ 묶음 ➡ ☐ 개

**5**

8씩 ☐ 묶음 ➡ ☐ 송이

5씩 ☐ 묶음 ➡ ☐ 송이

**3**

3씩 ☐ 묶음 ➡ ☐ 개

7씩 ☐ 묶음 ➡ ☐ 개

**6**

4씩 ☐ 묶음 ➡ ☐ 송이

8씩 ☐ 묶음 ➡ ☐ 송이

7

2씩 ☐ 묶음 ➡ ☐ 마리

6씩 ☐ 묶음 ➡ ☐ 마리

10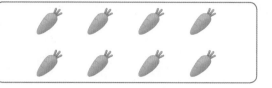

4씩 ☐ 묶음 ➡ ☐ 개

2씩 ☐ 묶음 ➡ ☐ 개

8

7씩 ☐ 묶음 ➡ ☐ 마리

4씩 ☐ 묶음 ➡ ☐ 마리

11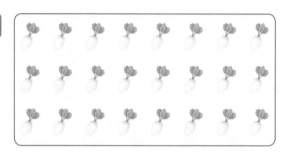

8씩 ☐ 묶음 ➡ ☐ 개

3씩 ☐ 묶음 ➡ ☐ 개

9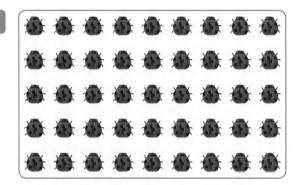

9씩 ☐ 묶음 ➡ ☐ 마리

5씩 ☐ 묶음 ➡ ☐ 마리

12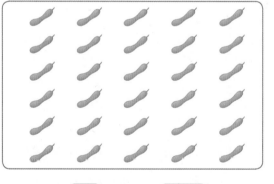

5씩 ☐ 묶음 ➡ ☐ 개

6씩 ☐ 묶음 ➡ ☐ 개

| 맞힌 개수 | 나의 학습 결과에 ○표 하세요. | | | | QR 빠른정답 확인 |
|---|---|---|---|---|---|
| | 맞힌 개수 | 0~1개 | 2~6개 | 7~11개 | 12개 | |
| 개 / 12개 | 학습 방법 | 다시 한번 풀어 봐요. | 계산 연습이 필요해요. | 틀린 문제를 확인해요. | 실수하지 않도록 집중해요. |  |

## 2. 몇의 몇 배 알아보기

➡ **2씩 3묶음**

➡ **2의 3배**

➡ **2+2+2=6**
　　 3번

3묶음이니까
2를 3번 더해요.

🌰 ☐ 안에 알맞은 수를 써넣으세요.

**1**

➡ 2씩 ☐ 묶음

➡ 2의 ☐ 배

➡ ☐ + ☐ + ☐ + ☐ + ☐

　 = ☐

**2**

➡ 8씩 ☐ 묶음

➡ 8의 ☐ 배

➡ ☐ + ☐ + ☐ + ☐ = ☐

**3**

➡ 4씩 ☐ 묶음

➡ 4의 ☐ 배

➡ ☐ + ☐ + ☐ = ☐

**4**

➡ 7씩 ☐ 묶음

➡ 7의 ☐ 배

➡ ☐ + ☐ + ☐ + ☐ + ☐

　 + ☐ = ☐

**5**

➡ 3씩 ☐ 묶음

➡ 3의 ☐ 배

➡ ☐ + ☐ + ☐ + ☐ + ☐

　 + ☐ + ☐ = ☐

**6** 3+3+3+3+3+3

➡ 3의 ☐ 배

**7** 5+5

➡ ☐ 의 ☐ 배

**8** 6+6+6+6+6

➡ ☐ 의 ☐ 배

**9** 4+4+4+4+4+4+4+4+4

➡ ☐ 의 ☐ 배

**10** 2+2

➡ ☐ 의 ☐ 배

**11** 5+5+5+5+5

➡ ☐ 의 ☐ 배

**12** 7+7+7+7

➡ ☐ 의 ☐ 배

**13** 2+2+2+2+2+2+2

➡ ☐ 의 ☐ 배

**14** 7+7+7

➡ ☐ 의 ☐ 배

**15** 8+8

➡ ☐ 의 ☐ 배

**16** 9+9+9+9+9+9+9+9

➡ ☐ 의 ☐ 배

**17** 8+8+8+8+8+8

➡ ☐ 의 ☐ 배

**18** 3+3+3

➡ ☐ 의 ☐ 배

**19** 4+4+4+4+4+4+4+4

➡ ☐ 의 ☐ 배

| 맞힌 개수 | 나의 학습 결과에 ○표 하세요. | | | | |
|---|---|---|---|---|
| | 맞힌 개수 | 0~2개 | 3~9개 | 10~17개 | 18~19개 |
| 개 /19개 | 학습 방법 | 다시 한번 풀어 봐요. | 계산 연습이 필요해요. | 틀린 문제를 확인해요. | 실수하지 않도록 집중해요. |

QR 빠른정답 확인

## 2. 몇의 몇 배 알아보기

🍚 ☐ 안에 알맞은 수를 써넣으세요.

**1**
> 2씩 6묶음

➡ 2의 ☐ 배

➡ ☐ + ☐ + ☐ + ☐ + ☐ + ☐ = ☐

**2**
> 6씩 3묶음

➡ 6의 ☐ 배

➡ ☐ + ☐ + ☐ = ☐

**3**
> 4씩 7묶음

➡ 4의 ☐ 배

➡ ☐ + ☐ + ☐ + ☐ + ☐ + ☐ + ☐ = ☐

**4**
> 9씩 3묶음

➡ 9의 ☐ 배

➡ ☐ + ☐ + ☐ = ☐

**5**
> 6씩 9묶음

➡ 6의 ☐ 배

➡ ☐ + ☐ + ☐ + ☐ + ☐ + ☐ + ☐ + ☐ + ☐ = ☐

**6**
> 8씩 5묶음

➡ 8의 ☐ 배

➡ ☐ + ☐ + ☐ + ☐ + ☐ = ☐

**7**
> 7씩 2묶음

➡ 7의 ☐ 배

➡ ☐ + ☐ = ☐

**8**
> 3씩 8묶음

➡ 3의 ☐ 배

➡ ☐ + ☐ + ☐ + ☐ + ☐ + ☐ + ☐ + ☐ = ☐

**9**
> 5씩 4묶음

➡ 5의 ☐ 배

➡ ☐ + ☐ + ☐ + ☐ = ☐

**10**
> 8씩 3묶음

➡ 8의 ☐ 배

➡ ☐ + ☐ + ☐ = ☐

## 연산 in 문장제

하진이는 사탕을 3개 가지고 있고 이준이는 하진이의 4배를 가지고 있습니다. 이준이가 가진 사탕은 모두 몇 개인지 구해 보세요.

하진이가 가진 사탕 수

$$\underset{\substack{\underbrace{\hphantom{3+3+3+3}}_{\text{4번}}}}{3 + 3 + 3 + 3} = \underset{\text{이준이가 가진 사탕 수}}{12}(개)$$

3의 4배는 3씩 4묶음

**11** 편지 봉투가 6장 있습니다. 편지지의 수는 편지 봉투의 수의 8배입니다. 편지지는 모두 몇 장인지 구해 보세요.

답 _____

**12** 신발장에 구두가 5켤레 있습니다. 운동화의 수는 구두의 수의 6배입니다. 운동화는 모두 몇 켤레인지 구해 보세요.

답 _____

**13** 볼펜이 2자루 있습니다. 연필의 수는 볼펜의 수의 4배입니다. 연필은 모두 몇 자루인지 구해 보세요.

답 _____

**14** 딸기우유가 4개 있습니다. 초코우유의 수는 딸기우유의 수의 5배입니다. 초코우유는 모두 몇 개인지 구해 부세요.

답 _____

| 맞힌 개수 | 나의 학습 결과에 ○표 하세요. | | | | QR 빠른정답 확인 |
|---|---|---|---|---|---|
| | 맞힌 개수 | 0~2개 | 3~7개 | 8~12개 | 13~14개 | |
| 개 /14개 | 학습 방법 | 다시 한번 풀어 봐요. | 계산 연습이 필요해요. | 틀린 문제를 확인해요. | 실수하지 않도록 집중해요. | |

**4씩 2묶음**

**4의 2배**

덧셈식　4+4=8　　곱셈식　4×2=8

4×2=8은
4 곱하기 2는 8과 같습니다.
라고 읽어요.

🌰 ☐ 안에 알맞은 수를 써넣으세요.

**1**

덧셈식　3+3+3+3+3+3
　　　　= ☐

곱셈식　3×6= ☐

**2**

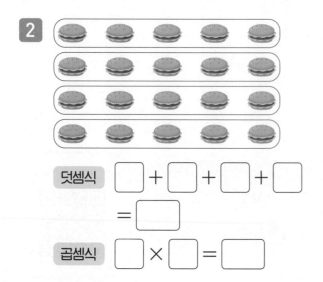

덧셈식　☐ + ☐ + ☐ + ☐
　　　　= ☐

곱셈식　☐ × ☐ = ☐

**3**

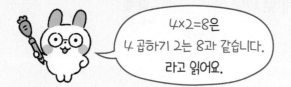

덧셈식　☐ + ☐ + ☐ + ☐ + ☐
　　+ ☐ + ☐ + ☐ + ☐
　　= ☐

곱셈식　☐ × ☐ = ☐

**4**

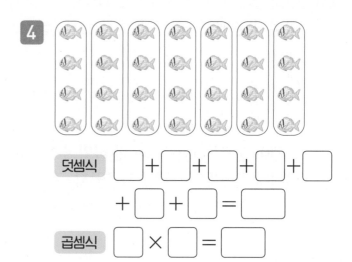

덧셈식　☐ + ☐ + ☐ + ☐ + ☐
　　+ ☐ + ☐ = ☐

곱셈식　☐ × ☐ = ☐

**5**

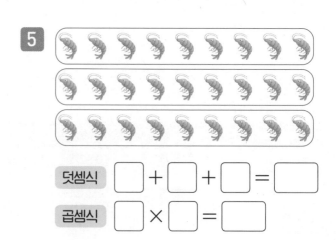

덧셈식　☐ + ☐ + ☐ = ☐

곱셈식　☐ × ☐ = ☐

덧셈식과 곱셈식으로 나타내어 보세요.

**6** 4의 8배

덧셈식 $4+4+4+4+4+4+4+4$
$=\boxed{\phantom{0}}$

곱셈식 $4\times 8=\boxed{\phantom{0}}$

**10** 2의 7배

덧셈식 $\boxed{\phantom{0}}+\boxed{\phantom{0}}+\boxed{\phantom{0}}+\boxed{\phantom{0}}+\boxed{\phantom{0}}$
$+\boxed{\phantom{0}}+\boxed{\phantom{0}}=\boxed{\phantom{0}}$

곱셈식 $\boxed{\phantom{0}}\times\boxed{\phantom{0}}=\boxed{\phantom{0}}$

**7** 3의 3배

덧셈식 $\boxed{\phantom{0}}+\boxed{\phantom{0}}+\boxed{\phantom{0}}=\boxed{\phantom{0}}$

곱셈식 $\boxed{\phantom{0}}\times\boxed{\phantom{0}}=\boxed{\phantom{0}}$

**11** 9의 2배

덧셈식 $\boxed{\phantom{0}}+\boxed{\phantom{0}}=\boxed{\phantom{0}}$

곱셈식 $\boxed{\phantom{0}}\times\boxed{\phantom{0}}=\boxed{\phantom{0}}$

**8** 8의 4배

덧셈식 $\boxed{\phantom{0}}+\boxed{\phantom{0}}+\boxed{\phantom{0}}+\boxed{\phantom{0}}$
$=\boxed{\phantom{0}}$

곱셈식 $\boxed{\phantom{0}}\times\boxed{\phantom{0}}=\boxed{\phantom{0}}$

**12** 6의 6배

덧셈식 $\boxed{\phantom{0}}+\boxed{\phantom{0}}+\boxed{\phantom{0}}+\boxed{\phantom{0}}+\boxed{\phantom{0}}$
$+\boxed{\phantom{0}}=\boxed{\phantom{0}}$

곱셈식 $\boxed{\phantom{0}}\times\boxed{\phantom{0}}=\boxed{\phantom{0}}$

**9** 7의 9배

덧셈식 $\boxed{\phantom{0}}+\boxed{\phantom{0}}+\boxed{\phantom{0}}+\boxed{\phantom{0}}+\boxed{\phantom{0}}$
$+\boxed{\phantom{0}}+\boxed{\phantom{0}}+\boxed{\phantom{0}}+\boxed{\phantom{0}}$
$=\boxed{\phantom{0}}$

곱셈식 $\boxed{\phantom{0}}\times\boxed{\phantom{0}}=\boxed{\phantom{0}}$

**13** 5의 5배

덧셈식 $\boxed{\phantom{0}}+\boxed{\phantom{0}}+\boxed{\phantom{0}}+\boxed{\phantom{0}}+\boxed{\phantom{0}}$
$=\boxed{\phantom{0}}$

곱셈식 $\boxed{\phantom{0}}\times\boxed{\phantom{0}}=\boxed{\phantom{0}}$

| 맞힌 개수 | 나의 학습 결과에 ○표 하세요. | | | | |
|---|---|---|---|---|---|
| | 맞힌 개수 | 0~1개 | 2~6개 | 7~11개 | 12~13개 |
| 개 /13개 | 학습 방법 | 다시 한번 풀어 봐요. | 계산 연습이 필요해요. | 틀린 문제를 확인해요. | 실수하지 않도록 집중해요. |

QR 빠른정답 확인

# 3. 곱셈식 알아보기

🌰 ☐ 안에 알맞은 수를 써넣으세요.

**1** 덧셈식 $6+6+6+6+6+6+6$
= ☐

곱셈식 ☐ × ☐ = ☐

**2** 덧셈식 $2+2+2+2+2+2+2+2$
= ☐

곱셈식 ☐ × ☐ = ☐

**3** 덧셈식 $7+7=$ ☐

곱셈식 ☐ × ☐ = ☐

**4** 덧셈식 $2+2+2+2=$ ☐

곱셈식 ☐ × ☐ = ☐

**5** 덧셈식 $4+4+4+4+4=$ ☐

곱셈식 ☐ × ☐ = ☐

**6** 덧셈식 $8+8+8+8+8+8=$ ☐

곱셈식 ☐ × ☐ = ☐

**7** 덧셈식 $6+6+6+6+6+6+6+6+6$
= ☐

곱셈식 ☐ × ☐ = ☐

**8** 덧셈식 $3+3+3+3+3+3+3+3$
= ☐

곱셈식 ☐ × ☐ = ☐

**9** 덧셈식 $4+4+4+4+4+4+4+4+4$
= ☐

곱셈식 ☐ × ☐ = ☐

**10** 덧셈식 $9+9+9+9=$ ☐

곱셈식 ☐ × ☐ = ☐

**11** 덧셈식 $7+7+7=$ ☐

곱셈식 ☐ × ☐ = ☐

**12** 덧셈식 $8+8+8+8+8=$ ☐

곱셈식 ☐ × ☐ = ☐

**13** 덧셈식 $9+9+9+9+9+9=$ ☐

곱셈식 ☐ × ☐ = ☐

**14** 덧셈식 $5+5=$ ☐

곱셈식 ☐ × ☐ = ☐

**연산 in 문장제**

서우는 위인전을 2권 읽었고 동화책은 위인전의 3배만큼 읽었습니다. 서우가 읽은 동화책은 모두 몇 권인지 구해 보세요.

**덧셈식** $\underbrace{2 + 2 + 2}_{\substack{3번 \\ \uparrow \\ 2의 3배는 2씩 3묶음}} = \underset{\substack{\uparrow \\ 서우가 읽은 \\ 동화책 수}}{6}$(권)   **곱셈식** $\underset{\substack{\uparrow \\ 서우가 읽은 \\ 위인전 수}}{2} \times \underset{\substack{\uparrow \\ 3배}}{3} = \underset{\substack{\uparrow \\ 서우가 읽은 \\ 동화책 수}}{6}$(권)

---

15 예나는 피자를 3조각 먹었고 아빠는 예나의 3배만큼 먹었습니다. 아빠가 먹은 피자는 모두 몇 조각인지 구해 보세요.

답 _____

16 이준이는 한 봉지에 6개인 귤을 한 봉지 샀고 하진이는 이준이의 4배만큼 샀습니다. 하진이가 산 귤은 모두 몇 개인지 구해 보세요.

답 _____

17 상자에 빨간 구슬은 4개 들어 있고 파란 구슬은 빨간 구슬의 3배만큼 있습니다. 상자에 들어 있는 파란 구슬은 모두 몇 개인지 구해 보세요.

답 _____

18 미술실에 스케치북은 6개 있고 붓은 스케치북의 2배만큼 있습니다. 미술실에 있는 붓은 모두 몇 개인지 구해 보세요.

답 _____

19 닭장에 닭은 5마리 있고 병아리는 닭의 9배만큼 있습니다. 병아리는 모두 몇 마리인지 구해 보세요.

답 _____

---

| 맞힌 개수 | 나의 학습 결과에 ○표 하세요. | | | | |
|---|---|---|---|---|---|
| | 맞힌 개수 | 0~2개 | 3~9개 | 10~17개 | 18~19개 |
| 개 /19개 | 학습 방법 | 다시 한번 풀어 봐요. | 계산 연습이 필요해요. | 틀린 문제를 확인해요. | 실수하지 않도록 집중해요. |

QR 빠른 정답 확인

# 4. 곱셈식으로 나타내기

덧셈식 $5 + 5 + 5 + 5 = 20$

곱셈식 $5 \times 4 = 20$

곱셈식으로 나타내면
감은 모두 20개예요.

🍡 ☐ 안에 알맞은 수를 써넣으세요.

**1**

2의 ☐ 배 ➡ ☐ × ☐ = ☐

**2**

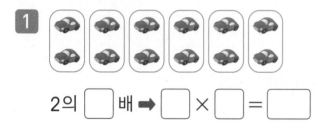

9의 ☐ 배 ➡ ☐ × ☐ = ☐

**3**

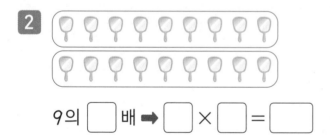

7의 ☐ 배 ➡ ☐ × ☐ = ☐

**4**

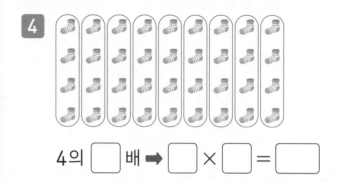

4의 ☐ 배 ➡ ☐ × ☐ = ☐

**5**

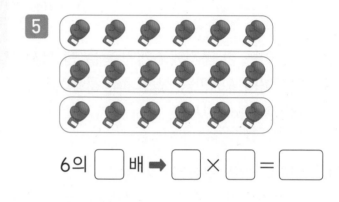

6의 ☐ 배 ➡ ☐ × ☐ = ☐

**6**

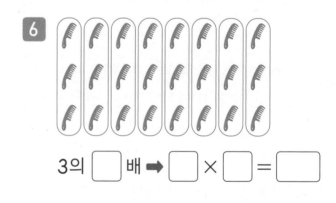

3의 ☐ 배 ➡ ☐ × ☐ = ☐

**7**

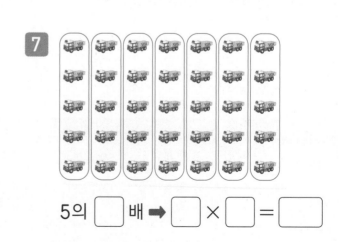

5의 ☐ 배 ➡ ☐ × ☐ = ☐

🐑 ☐안에 알맞은 수를 써넣으세요.

**8**

6 × ☐ = ☐

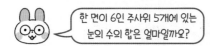
한 면이 6인 주사위 5개에 있는
눈의 수의 합은 얼마일까요?

**12**

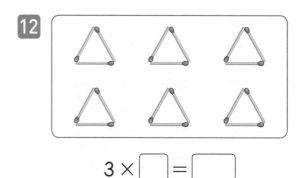

3 × ☐ = ☐

**9**

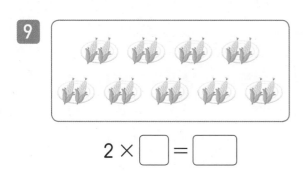

2 × ☐ = ☐

**13**

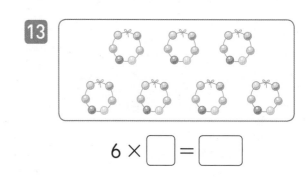

6 × ☐ = ☐

**10**

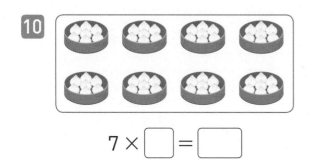

7 × ☐ = ☐

**14**

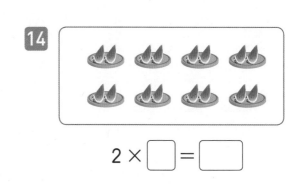

2 × ☐ = ☐

**11**

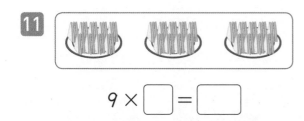

9 × ☐ = ☐

**15**

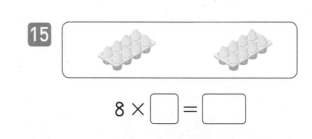

8 × ☐ = ☐

| 맞힌 개수 | 나의 학습 결과에 ○표 하세요. | | | |
|---|---|---|---|---|
| | 맞힌 개수 | 0~2개 | 3~8개 | 9~14개 | 15개 |
| 개 /15개 | 학습 방법 | 다시 한번 풀어 봐요. | 계산 연습이 필요해요. | 틀린 문제를 확인해요. | 실수하지 않도록 집중해요. |

QR 빠른정답 확인

# 4. 곱셈식으로 나타내기

🌸 꽃은 모두 몇 송이인지 곱셈식으로 나타내어 보세요.

**1**

$2 \times 5 = \boxed{\phantom{00}}$

꽃이 2송이씩 있는 화병 5개에 있는 꽃은 모두 몇 송이일까요?

**2**

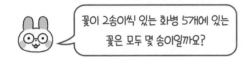

$\boxed{\phantom{0}} \times \boxed{\phantom{0}} = \boxed{\phantom{0}}$

**3**

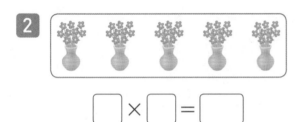

$\boxed{\phantom{0}} \times \boxed{\phantom{0}} = \boxed{\phantom{0}}$

**4**

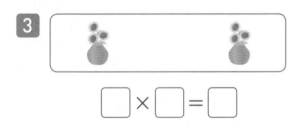

$\boxed{\phantom{0}} \times \boxed{\phantom{0}} = \boxed{\phantom{0}}$

**5**

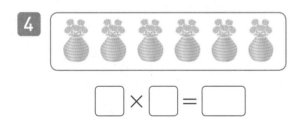

$\boxed{\phantom{0}} \times \boxed{\phantom{0}} = \boxed{\phantom{0}}$

✏️ 연필은 모두 몇 자루인지 곱셈식으로 나타내어 보세요.

**6**

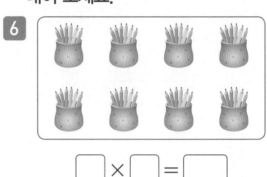

$\boxed{\phantom{0}} \times \boxed{\phantom{0}} = \boxed{\phantom{0}}$

**7**

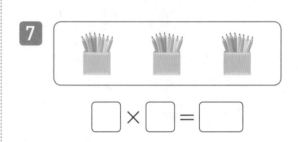

$\boxed{\phantom{0}} \times \boxed{\phantom{0}} = \boxed{\phantom{0}}$

**8**

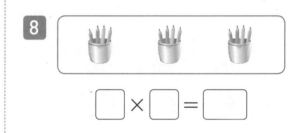

$\boxed{\phantom{0}} \times \boxed{\phantom{0}} = \boxed{\phantom{0}}$

**9**

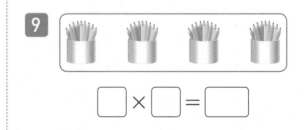

$\boxed{\phantom{0}} \times \boxed{\phantom{0}} = \boxed{\phantom{0}}$

**10**

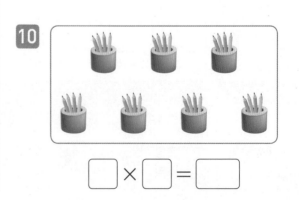

$\boxed{\phantom{0}} \times \boxed{\phantom{0}} = \boxed{\phantom{0}}$

**연산 in 문장제**

5봉지가 한 묶음인 라면이 8묶음 있습니다. 라면은 모두 몇 봉지인지 구해 보세요.

곱셈식   5   ×   8   =   40(봉지)

한 묶음에 있는      묶음 수      전체
라면 수                              라면수

---

11  세발자전거 9대가 지나가고 있습니다. 세발자전거의 바퀴는 모두 몇 개인지 구해 보세요.

→

답 _____

12  무당벌레 2마리가 꽃에 앉아 있습니다. 무당벌레의 다리는 모두 몇 개인지 구해 보세요.

 무당벌레는 다리가 6개인 곤충이에요.

→ (의, 배 표)

답 _____

13  정빈이는 풀밭에서 네잎클로버 6개를 찾았습니다. 네잎클로버의 잎은 모두 몇 잎인지 구해 보세요.

→

답 _____

14  구멍이 2개인 단추가 7개 있습니다. 단춧구멍은 모두 몇 개인지 구해 보세요.

→

답 _____

15  수족관에 문어가 4마리 있습니다. 문어의 다리는 모두 몇 개인지 구해 보세요.

→

답 _____

16  7명이 탈 수 있는 자동차가 5대 있습니다. 자동차에 탈 수 있는 사람은 모두 몇 명인지 구해 보세요.

→

답 _____

---

| 맞힌 개수 | 나의 학습 결과에 ○표 하세요. | | | | | QR 빠른 정답 확인 |
|---|---|---|---|---|---|---|
| | 맞힌 개수 | 0~2개 | 3~8개 | 9~14개 | 15~16개 | |
| 개 /16개 | 학습 방법 | 다시 한번 풀어 봐요. | 계산 연습이 필요해요. | 틀린 문제를 확인해요. | 실수하지 않도록 집중해요. | |

🍇 ☐ 안에 알맞은 수를 써넣으세요.

**1**

➡ 2씩 ☐ 묶음

➡ 2의 ☐ 배

➡ ☐ + ☐ = ☐

**2**

➡ 4씩 ☐ 묶음

➡ 4의 ☐ 배

➡ ☐ + ☐ + ☐ = ☐

**3**

➡ 6씩 ☐ 묶음

➡ 6의 ☐ 배

➡ ☐ + ☐ + ☐ + ☐ = ☐

**4**

$7+7+7+7+7$

➡ ☐ 의 ☐ 배

**5**

$5+5+5$

➡ ☐ 의 ☐ 배

**6**

$3+3+3+3+3+3+3+3$

➡ ☐ 의 ☐ 배

**7**

$8+8+8+8+8+8+8+8+8$

➡ ☐ 의 ☐ 배

**8**

$2+2+2+2+2+2$

➡ ☐ 의 ☐ 배

**9**

$9+9+9+9+9+9+9$

➡ ☐ 의 ☐ 배

🌰 덧셈식과 곱셈식으로 나타내어 보세요.

**10**
3의 6배

덧셈식 ☐ + ☐ + ☐ + ☐ + ☐ + ☐ = ☐

곱셈식 ☐ × ☐ = ☐

**11**
5의 7배

덧셈식 ☐ + ☐ + ☐ + ☐ + ☐ + ☐ + ☐ = ☐

곱셈식 ☐ × ☐ = ☐

**12**
6의 5배

덧셈식 ☐ + ☐ + ☐ + ☐ + ☐ = ☐

곱셈식 ☐ × ☐ = ☐

**13**
8의 2배

덧셈식 ☐ + ☐ = ☐

곱셈식 ☐ × ☐ = ☐

**14**
2의 3배

덧셈식 ☐ + ☐ + ☐ = ☐

곱셈식 ☐ × ☐ = ☐

🌰 ☐ 안에 알맞은 수를 써넣으세요.

**15** 덧셈식 $6 + 6 = ☐$

곱셈식 ☐ × ☐ = ☐

**16** 덧셈식 $7 + 7 + 7 + 7 + 7 + 7 + 7 = ☐$

곱셈식 ☐ × ☐ = ☐

**17** 덧셈식 $4 + 4 + 4 + 4 + 4 + 4 + 4 + 4 = ☐$

곱셈식 ☐ × ☐ = ☐

**18** 덧셈식 $3 + 3 + 3 + 3 = ☐$

곱셈식 ☐ × ☐ = ☐

**19** 덧셈식 $9 + 9 + 9 = ☐$

곱셈식 ☐ × ☐ = ☐

정답 29쪽

20 공원에 3명이 앉을 수 있는 의자가 5개 있습니다. 의자에 앉을 수 있는 사람은 모두 몇 명인지 구해 보세요.

답 _____

21 우주는 블록 4개를 사용해서 탑을 쌓았고 이준이는 블록을 우주의 6배만큼 사용해서 탑을 쌓았습니다. 이준이가 사용한 블록은 모두 몇 개인지 구해 보세요.

답 _____

22 바퀴가 2개인 오토바이가 9대 있습니다. 오토바이의 바퀴는 모두 몇 개인지 구해 보세요.

답 _____

23 풍산 마트에서는 두부를 8모 판매했고 지학 마트에서는 풍산 마트의 7배만큼 판매했습니다. 지학 마트에서 판매한 두부는 모두 몇 모인지 구해 보세요.

답 _____

24 서우의 나이는 9살입니다. 서우 이모의 나이는 서우 나이의 4배입니다. 서우 이모의 나이는 몇 살인지 구해 보세요.

답 _____

25 화단에 개미 9마리가 있습니다. 개미의 다리는 모두 몇 개인지 구해 보세요.

답 _____

26 한 상자에 초콜릿이 7개씩 들어 있습니다. 3상자에 들어 있는 초콜릿은 모두 몇 개인지 구해 보세요.

답 _____

연산 노트

| 맞힌 개수 | 나의 학습 결과에 ○표 하세요. | | | | QR 빠른정답 확인 |
|---|---|---|---|---|---|
| | 맞힌 개수 | 0~3개 | 4~13개 | 14~23개 | 24~26개 |
| 개 /26개 | 학습 방법 | 다시 한번 풀어 봐요. | 계산 연습이 필요해요. | 틀린 문제를 확인해요. | 실수하지 않도록 집중해요. |

# 초등 풍산자로 개념을 적용하고 응용하여
# 연산, 유형, 서술형을 풀면 실력이 탄탄해집니다

## 처음 배우는 수학을 쉽게 접근하는 초등 풍산자 로드맵

| 연산<br>집중훈련서 | 교과<br>유형학습서 | 서술형<br>집중연습서 | 연산<br>반복훈련서 | 유형<br>문제기본서 |
|---|---|---|---|---|
| ▶ 풍산자 개념X연산 | ▶ 풍산자 개념X유형 | ▶ 풍산자 개념X서술형 | ▶ 풍산자 연산 | ▶ 풍산자 유형 |

| 초등 풍산자 교재 | 하 | 중하 | 중 | 상 |
|---|---|---|---|---|
| 연산 집중훈련서<br>**풍산자 개념X연산** | 개념 적용 연산 학습, 기초 실력 완성 | | | |
| 교과 유형학습서<br>**풍산자 개념X유형** | | 개념 응용 유형 학습, 기본 실력 완성 | | |
| 서술형 집중연습서<br>**풍산자 개념X서술형** | | 개념 활용 서술형 연습, 문제 해결력 완성 | | |
| 연산 반복훈련서<br>**풍산자 연산** | 연산만 집중적으로 반복 학습 | | | |
| 유형 문제기본서<br>**풍산자 유형** | 개념부터 유형까지 단계별 학습 | | | |

# 풍산자
## 연산

정답

초등
수학

2·1

한이
라이트

지학사

# 풍산자 연산

초등 연산의 모든 것

정답

초등 **수학** 2-1

# 정답

## 1. 세 자리 수

### 01 일차   1. 백, 몇백 알아보기

**8쪽**

1 백
2 200, 이백
3 100
4 7, 칠백
5 7
6 100
7 10, 백
8 9
9 6, 육백
10 100, 백
11 900, 구백
12 20

**9쪽**

13 이백
14 오백
15 사백
16 팔백
17 칠백
18 백
19 육백
20 900
21 300
22 600
23 400
24 500
25 200
26 700

### 02 일차   1. 백, 몇백 알아보기

**10쪽**

1 100, 백
2 600, 육백
3 300, 삼백
4 100, 백
5 800, 팔백
6 100, 백
7 100, 백
8 400, 사백
9 900, 구백
10 200, 이백
11 600, 육백
12 700, 칠백

**11쪽**

13 300원
14 500장
15 700명
16 200번
17 800마리
18 400개

### 03 일차   2. 세 자리 수 알아보기

**12쪽**

1 457
2 213
3 895
4 622
5 135
6 592
7 381
8 768
9 614
10 829
11 570
12 306
13 사백팔십육
14 이백칠십칠
15 오백삼십구
16 칠백사십일
17 팔백오십이
18 구백칠십사
19 백오십팔

**13쪽**

20 구백삼십삼
21 사백칠십삼
22 오백팔십오
23 칠백이십사
24 삼백사십팔
25 구백십
26 육백오
27 156
28 952
29 817
30 629
31 275
32 355
33 484
34 289
35 793
36 611
37 758
38 146
39 530
40 202

## 2. 세 자리 수 알아보기

1 831, 팔백삼십일
2 960, 구백육십
3 172, 백칠십이
4 329, 삼백이십구
5 509, 오백구
6 713, 칠백십삼
7 455, 사백오십오
8 364, 삼백육십사
9 842, 팔백사십이
10 108, 백팔
11 260, 이백육십
12 658, 육백오십팔

13 510원
14 683자루
15 274명
16 182쪽
17 894그루

## 3. 세 자리 수의 자릿값 알아보기

1 8, 8, 80, 8 / 80, 8
2 5, 4, 6, 500, 40, 6 / 500, 40, 6
3 1, 9, 4, 100, 90, 4 / 100, 90, 4
4 9, 7, 1, 900, 70, 1 / 900, 70, 1
5 4, 9, 2, 400, 90, 2 / 400, 90, 2
6 8, 5, 3, 800, 50, 3 / 800, 50, 3

7 70, 8
8 400, 30, 5
9 100, 30, 8
10 600, 70, 9
11 900, 60, 2
12 300, 10, 9
13 8, 0, 4
14 2, 9, 1
15 7, 7, 0
16 4, 6, 2
17 6, 3, 5
18 5, 6, 9

## 3. 세 자리 수의 자릿값 알아보기

1 5
2 20
3 900
4 8
5 6
6 10
7 800
8 40
9 400
10 4
11 60
12 200
13 6
14 70
15 300
16 500
17 80
18 2
19 900
20 50
21 10

22 백, 700
23 십, 20
24 십, 70
25 일, 9
26 백, 200
27 일, 5
28 백, 500
29 십, 60
30 백, 200
31 십, 40
32 백, 300
33 십, 10
34 일, 4
35 일, 8

**20쪽**

1 (왼쪽부터) 423, 523

2 (왼쪽부터) 477, 777

3 (왼쪽부터) 631, 931

4 (왼쪽부터) 209, 409

5 (왼쪽부터) 283, 683

6 (왼쪽부터) 441, 641

7 (왼쪽부터) 345, 445

8 (왼쪽부터) 405, 705

9 (왼쪽부터) 925, 955

10 (왼쪽부터) 356, 386

11 (왼쪽부터) 679, 699

12 (왼쪽부터) 546, 556

13 (왼쪽부터) 751, 791

**21쪽**

14 (왼쪽부터) 245, 285

15 (왼쪽부터) 427, 447

16 (왼쪽부터) 138, 178

17 (왼쪽부터) 822, 832

18 (왼쪽부터) 514, 544

19 (왼쪽부터) 819, 821

20 (왼쪽부터) 773, 776

21 (왼쪽부터) 247, 248

22 (왼쪽부터) 530, 532

23 (왼쪽부터) 333, 335

24 (왼쪽부터) 996, 1000

25 (왼쪽부터) 653, 657

26 (왼쪽부터) 783, 785

27 (왼쪽부터) 451, 453

28 (왼쪽부터) 187, 190

**22쪽**

1 430, 530

2 242, 252

3 907, 917

4 524, 525

5 612, 712

6 786, 787

7 528, 828

8 845, 865, 875

9 612, 632, 642

10 627, 827, 927

11 974, 975, 977

12 317, 319, 320

13 349, 449, 549

14 688, 698, 718

**23쪽**

15 998, 1000 / 1

16 864, 884 / 10

17 276, 376 / 100

18 400, 440 / 10

19 711, 811 / 100

20 258, 261 / 1

21 408, 418, 428 / 10

22 613, 633, 643 / 10

23 547, 747, 847 / 100

24 557, 558, 560 / 1

25 860, 861, 863 / 1

26 322, 422, 522 / 100

**24쪽**

1 941, 951, 961

2 362, 365, 366

3 450, 550, 650

4 163, 263, 563

5 884, 881, 880

6 560, 550, 540

7 748, 448, 348

8 998, 999, 1000 / 1

9 112, 142, 152 / 10

10 558, 658, 758 / 100

11 507, 407, 307 / 100

12 452, 442, 412 / 10

13 693, 663, 653 / 10

14 189, 188, 187 / 1

**25쪽**

15 717장

16 371회

17 893대

18 124개

**26쪽**

| | | |
|---|---|---|
| 1   < | 6   < | 13   > |
| 2   > | 7   < | 14   > |
| 3   > | 8   > | 15   < |
| 4   > | 9   < | 16   > |
| 5   < | 10   > | 17   > |
| | 11   < | 18   < |
| | 12   < | 19   > |

**27쪽**

| | | |
|---|---|---|
| 20   < | 27   > | 34   < 세 자리 수 |
| 21   < | 28   < | 35   > |
| 22   > | 29   > | 36   < |
| 23   > | 30   > | 37   > |
| 24   > | 31   > | 38   > |
| 25   > | 32   < | 39   < |
| 26   > | 33   < | 40   > |

**28쪽**

| | | |
|---|---|---|
| 1   < | 8   < | 15   < |
| 2   > | 9   > | 16   > |
| 3   > | 10   < | 17   > |
| 4   > | 11   < | 18   > |
| 5   < | 12   > | 19   < |
| 6   > | 13   > | 20   < |
| 7   < | 14   > | 21   < |

**29쪽**

22 포도주스
23 김치찌개
24 회전목마
25 풍산 미술관

## 12 일차　6. 세 수의 크기 비교

### 30쪽

1　(194) 104 159
2　455 (492) 491
3　783 509 (788)
4　842 925 (971)
5　(362) 170 319

6　260 (618) 300
7　713 122 (819)
8　(510) 278 504
9　834 (881) 799
10　679 515 (930)
11　233 (434) 335
12　(928) 177 463

13　647 522 650
14　213 214 219
15　741 718 693
16　372 416 235
17　584 519 577
18　823 364 152
19　752 954 478

### 31쪽

20　320 317 341
21　527 680 520
22　119 227 304
23　438 526 247
24　805 812 807
25　635 924 772
26　321 198 211

27　226 (337) 228
28　754 (755) 719
29　838 (913) 909
30　(637) 446 635
31　829 (917) 716
32　662 628 (935)
33　593 (891) 388

34　429 138 (610)
35　100 (205) 182
36　410 407 (426)
37　873 (916) 794
38　265 428 (603)
39　(918) 823 822
40　537 546 (861)

## 13 일차　6. 세 수의 크기 비교

### 32쪽

1　883, 859, 817
2　200, 193, 187
3　608, 540, 490
4　711, 682, 598
5　475, 414, 399
6　967, 776, 698
7　401, 345, 283
8　557, 512, 486
9　978, 893, 866
10　308, 218, 178
11　952, 932, 912
12　800, 791, 785
13　619, 539, 463
14　587, 386, 164
15　902, 723, 648
16　241, 158, 136
17　728, 726, 725
18　457, 312, 274
19　622, 356, 322
20　810, 616, 590
21　215, 212, 181

### 33쪽

22　위인전
23　느티나무
24　고구마피자
25　운동화

# 14 일차  연산&문장제 마무리

## 34쪽

1 500 / 오백

2 715 / 칠백십오

3 439 / 사백삼십구

4 856 / 팔백오십육

5 200 / 이백

6 912 / 구백십이

7 십, 60

8 백, 600

9 백, 800

10 일, 5

11 일, 9

12 십, 10

## 35쪽

13 200, 210, 220 / 10

14 750, 751, 754 / 1

15 997, 999, 1000 / 1

16 394, 494, 794 / 100

17 510, 810, 910 / 100

18 406, 416, 446 / 10

19 231, 221, 211 / 10

20 873, 573, 473 / 100

21 <

22 >

23 >

24 <

25 165, 146, 138

26 550, 315, 220

27 947, 943, 921

28 732, 627, 449

## 36쪽

29 900알

30 400통

31 372벌

32 825병

33 948켤레

34 지학 마을

35 단팥빵

# 2. 덧셈

## 01 일차   1. 받아올림이 있는 (두 자리 수)+(한 자리 수)

### 38쪽

| | | |
|---|---|---|
| 1  22 | 6  42 | 13  27 |
| 2  20 | 7  41 | 14  31 |
| 3  31 | 8  50 | 15  40 |
| 4  30 | 9  61 | 16  41 |
| 5  35 | 10  72 | 17  51 |
| | 11  74 | 18  52 |
| | 12  84 | 19  60 |

### 39쪽

| | | |
|---|---|---|
| 20  68 | 27  21 | 34  66 |
| 21  72 | 28  22 | 35  71 |
| 22  82 | 29  31 | 36  72 |
| 23  84 | 30  34 | 37  82 |
| 24  91 | 31  42 | 38  83 |
| 25  90 | 32  45 | 39  90 |
| 26  96 | 33  51 | 40  94 |

## 02 일차   1. 받아올림이 있는 (두 자리 수)+(한 자리 수)

### 40쪽

| | | |
|---|---|---|
| 1  20 | 8  41 | 15  65 |
| 2  21 | 9  45 | 16  70 |
| 3  23 | 10  52 | 17  71 |
| 4  32 | 11  53 | 18  82 |
| 5  30 | 12  50 | 19  85 |
| 6  36 | 13  63 | 20  90 |
| 7  43 | 14  62 | 21  91 |

### 41쪽

| | | |
|---|---|---|
| 22  20 | 29  44 | 36  71 |
| 23  24 | 30  51 | 37  70 |
| 24  21 | 31  52 | 38  80 |
| 25  30 | 32  57 | 39  81 |
| 26  32 | 33  60 | 40  86 |
| 27  33 | 34  63 | 41  91 |
| 28  43 | 35  62 | 42  93 |

## 03 일차   1. 받아올림이 있는 (두 자리 수)+(한 자리 수)

### 42쪽

| | | |
|---|---|---|
| 1  20 | 8  62 | 15  22 |
| 2  38 | 9  73 | 16  32 |
| 3  42 | 10  75 | 17  40 |
| 4  43 | 11  80 | 18  51 |
| 5  54 | 12  81 | 19  63 |
| 6  51 | 13  91 | 20  73 |
| 7  60 | 14  95 | 21  86 |

### 43쪽

| |
|---|
| 22  32알 |
| 23  44마리 |
| 24  57개 |
| 25  64쪽 |
| 26  70봉지 |
| 27  85권 |

**44쪽**

| | | | | | |
|---|---|---|---|---|---|
| 1 | 41 | 6 | 65 | 13 | 30 |
| 2 | 31 | 7 | 70 | 14 | 52 |
| 3 | 61 | 8 | 94 | 15 | 60 |
| 4 | 72 | 9 | 91 | 16 | 83 |
| 5 | 53 | 10 | 72 | 17 | 81 |
| | | 11 | 81 | 18 | 95 |
| | | 12 | 90 | 19 | 61 |

**45쪽**

| | | | | | |
|---|---|---|---|---|---|
| 20 | 86 | 27 | 80 | 34 | 62 |
| 21 | 70 | 28 | 48 | 35 | 85 |
| 22 | 81 | 29 | 80 | 36 | 76 |
| 23 | 92 | 30 | 70 | 37 | 90 |
| 24 | 90 | 31 | 73 | 38 | 96 |
| 25 | 91 | 32 | 54 | 39 | 91 |
| 26 | 94 | 33 | 71 | 40 | 92 |

**46쪽**

| | | | | | |
|---|---|---|---|---|---|
| 1 | 41 | 8 | 51 | 15 | 91 |
| 2 | 30 | 9 | 62 | 16 | 90 |
| 3 | 42 | 10 | 90 | 17 | 82 |
| 4 | 50 | 11 | 63 | 18 | 94 |
| 5 | 73 | 12 | 75 | 19 | 90 |
| 6 | 64 | 13 | 81 | 20 | 91 |
| 7 | 70 | 14 | 77 | 21 | 98 |

**47쪽**

| | | | | | |
|---|---|---|---|---|---|
| 22 | 43 | 29 | 50 | 36 | 73 |
| 23 | 52 | 30 | 61 | 37 | 83 |
| 24 | 32 | 31 | 80 | 38 | 82 |
| 25 | 80 | 32 | 92 | 39 | 98 |
| 26 | 53 | 33 | 77 | 40 | 92 |
| 27 | 42 | 34 | 81 | 41 | 90 |
| 28 | 81 | 35 | 95 | 42 | 94 |

**48쪽**

| | | | | | |
|---|---|---|---|---|---|
| 1 | 95 | 8 | 83 | 15 | 43 |
| 2 | 65 | 9 | 90 | 16 | 74 |
| 3 | 80 | 10 | 97 | 17 | 91 |
| 4 | 94 | 11 | 91 | 18 | 66 |
| 5 | 70 | 12 | 82 | 19 | 81 |
| 6 | 54 | 13 | 90 | 20 | 93 |
| 7 | 91 | 14 | 92 | 21 | 91 |

**49쪽**

| | |
|---|---|
| 22 | 40켤레 |
| 23 | 62마리 |
| 24 | 85캔 |
| 25 | 91권 |
| 26 | 90장 |
| 27 | 94잔 |

## 07 일차   3. 십의 자리에서 받아올림이 있는 (두 자리 수)+(두 자리 수)

50쪽

| | | | | |
|---|---|---|---|---|
| 1 104 | 6 136 | 13 109 |
| 2 109 | 7 129 | 14 105 |
| 3 107 | 8 109 | 15 107 |
| 4 138 | 9 170 | 16 128 |
| 5 117 | 10 159 | 17 136 |
| | 11 118 | 18 148 |
| | 12 149 | 19 138 |

51쪽

| | | |
|---|---|---|
| 20 127 | 27 108 | 34 115 |
| 21 128 | 28 109 | 35 143 |
| 22 119 | 29 112 | 36 137 |
| 23 144 | 30 109 | 37 116 |
| 24 117 | 31 125 | 38 159 |
| 25 156 | 32 117 | 39 127 |
| 26 179 | 33 135 | 40 183 |

## 08 일차   3. 십의 자리에서 받아올림이 있는 (두 자리 수)+(두 자리 수)

52쪽

| | | |
|---|---|---|
| 1 108 | 8 128 | 15 149 |
| 2 107 | 9 149 | 16 115 |
| 3 105 | 10 114 | 17 105 |
| 4 118 | 11 109 | 18 148 |
| 5 119 | 12 139 | 19 172 |
| 6 129 | 13 165 | 20 126 |
| 7 114 | 14 115 | 21 137 |

53쪽

| | | |
|---|---|---|
| 22 107 | 29 148 | 36 149 |
| 23 102 | 30 119 | 37 168 |
| 24 103 | 31 108 | 38 106 |
| 25 129 | 32 137 | 39 129 |
| 26 108 | 33 119 | 40 119 |
| 27 128 | 34 113 | 41 158 |
| 28 122 | 35 128 | 42 109 |

## 09 일차   3. 십의 자리에서 받아올림이 있는 (두 자리 수)+(두 자리 수)

54쪽

| | | |
|---|---|---|
| 1 105 | 8 116 | 15 109 |
| 2 109 | 9 142 | 16 106 |
| 3 108 | 10 154 | 17 109 |
| 4 125 | 11 106 | 18 129 |
| 5 139 | 12 179 | 19 117 |
| 6 124 | 13 108 | 20 119 |
| 7 117 | 14 155 | 21 142 |

55쪽

| |
|---|
| 22 104장 |
| 23 108자루 |
| 24 128개 |
| 25 100개 |
| 26 119대 |
| 27 179마리 |

## 4. 받아올림이 두 번 있는 (두 자리 수)+(두 자리 수)

**56쪽**

1 111
2 110
3 113
4 121
5 111

6 123
7 110
8 141
9 122
10 123
11 146
12 121

13 102
14 125
15 122
16 110
17 130
18 153
19 112

**57쪽**

20 121
21 130
22 124
23 143
24 152
25 154
26 137

27 110
28 106
29 120
30 110
31 123
32 111
33 114

34 110
35 135
36 131
37 113
38 140
39 120
40 142

## 4. 받아올림이 두 번 있는 (두 자리 수)+(두 자리 수)

**58쪽**

1 110
2 101
3 120
4 113
5 100
6 117
7 110

8 125
9 142
10 122
11 111
12 122
13 151
14 140

15 172
16 160
17 131
18 123
19 190
20 130
21 122

**59쪽**

22 110
23 113
24 108
25 121
26 112
27 101
28 100

29 112
30 125
31 140
32 125
33 106
34 113
35 132

36 104
37 130
38 153
39 170
40 151
41 124
42 112

## 4. 받아올림이 두 번 있는 (두 자리 수)+(두 자리 수)

**60쪽**

1 101
2 120
3 111
4 131
5 121
6 104
7 123

8 134
9 151
10 127
11 120
12 142
13 134
14 193

15 100
16 112
17 113
18 111
19 151
20 162
21 110

**61쪽**

22 112그루
23 105쪽
24 101개
25 131마리
26 154켤레
27 186명

**62쪽**

1. 51
2. 40, 15, 55
3. 90, 13, 103
4. 90, 15, 105
5. 60, 11, 71
6. 90, 11, 101
7. 61
8. 45, 50
9. 77, 81
10. 69, 75
11. 53, 60

**63쪽**

12. 88, 90
13. 76, 84
14. 78, 81
15. 99, 103
16. 95, 104
17. 44
18. 8, 30, 110
19. 5, 30, 82
20. 7, 40, 82
21. 6, 50, 90
22. 5, 60, 100
23. 4, 70, 162
24. 2, 80, 101
25. 6, 90, 153
26. 1, 90, 102

**64쪽**

1. 5, 20, 43
2. 70, 80, 93
3. 10, 31, 40
4. 30, 57, 61
5. 5, 40, 110
6. 2, 40, 116
7. 50, 95, 102
8. 7, 10, 60
9. 9, 12, 92
10. 3, 60, 83
11. 20, 86, 90
12. 1, 70, 124
13. 10, 84, 91
14. 80, 90, 99

**65쪽**

15. 10, 50, 60
16. 1, 20, 42
17. 1, 30, 124
18. 50, 82, 90
19. 60, 90, 101
20. 7, 14, 64
21. 2, 50, 91
22. 50, 99, 101
23. 30, 97, 106
24. 2, 70, 93
25. 10, 86, 94
26. 8, 12, 102

**66쪽**

1. 32
2. 60
3. 44
4. 61
5. 76
6. 65
7. 82
8. 80
9. 101
10. 107
11. 139
12. 124
13. 129
14. 123
15. 102
16. 100
17. 121
18. 133
19. 121
20. 111
21. 112

**67쪽**

22. 41
23. 91
24. 61
25. 70
26. 84
27. 81
28. 80
29. 93
30. 104
31. 109
32. 106
33. 108
34. 108
35. 129
36. 114
37. 114
38. 120
39. 116
40. 103
41. 143
42. 101
43. 100
44. 130
45. 122

**68쪽**

46. 20통
47. 74병
48. 96장
49. 92권
50. 104켤레
51. 179회
52. 122그릇
53. 156명

# 3. 뺄셈

## 1. (몇십)-(한 자리 수)

### 70쪽

| | | |
|---|---|---|
| 1 17 | 6 32 | 13 12 |
| 2 15 | 7 44 | 14 29 |
| 3 23 | 8 49 | 15 37 |
| 4 28 | 9 56 | 16 33 |
| 5 31 | 10 68 | 17 41 |
| | 11 76 | 18 48 |
| | 12 85 | 19 54 |

### 71쪽

| | | |
|---|---|---|
| 20 51 | 27 16 | 34 55 |
| 21 69 | 28 18 | 35 66 |
| 22 63 | 29 22 | 36 64 |
| 23 75 | 30 24 | 37 72 |
| 24 78 | 31 35 | 38 77 |
| 25 81 | 32 42 | 39 87 |
| 26 89 | 33 57 | 40 84 |

## 1. (몇십)-(한 자리 수)

### 72쪽

| | | |
|---|---|---|
| 1 19 | 8 43 | 15 11 |
| 2 14 | 9 58 | 16 26 |
| 3 27 | 10 52 | 17 39 |
| 4 25 | 11 61 | 18 47 |
| 5 38 | 12 67 | 19 53 |
| 6 36 | 13 73 | 20 62 |
| 7 45 | 14 86 | 21 79 |

### 73쪽

| |
|---|
| 22 21개 |
| 23 34쪽 |
| 24 46마리 |
| 25 65개 |
| 26 71송이 |
| 27 88명 |

## 2. 받아내림이 있는 (두 자리 수)-(한 자리 수)

### 74쪽

| | | |
|---|---|---|
| 1 9 | 6 28 | 13 8 |
| 2 7 | 7 39 | 14 14 |
| 3 18 | 8 48 | 15 24 |
| 4 19 | 9 58 | 16 36 |
| 5 29 | 10 67 | 17 37 |
| | 11 76 | 18 47 |
| | 12 86 | 19 44 |

### 75쪽

| | | |
|---|---|---|
| 20 59 | 27 9 | 34 49 |
| 21 57 | 28 8 | 35 48 |
| 22 69 | 29 17 | 36 52 |
| 23 66 | 30 19 | 37 59 |
| 24 78 | 31 23 | 38 68 |
| 25 73 | 32 34 | 39 78 |
| 26 86 | 33 37 | 40 88 |

## 04 일차    2. 받아내림이 있는 (두 자리 수)-(한 자리 수)

**76쪽**

| | | | |
|---|---|---|---|
| **1** 9 | **8** 39 | **15** 67 |
| **2** 9 | **9** 48 | **16** 79 |
| **3** 17 | **10** 49 | **17** 77 |
| **4** 16 | **11** 58 | **18** 79 |
| **5** 27 | **12** 59 | **19** 88 |
| **6** 29 | **13** 68 | **20** 87 |
| **7** 38 | **14** 66 | **21** 88 |

**77쪽**

| | | |
|---|---|---|
| **22** 7 | **29** 29 | **36** 68 |
| **23** 5 | **30** 39 | **37** 69 |
| **24** 9 | **31** 38 | **38** 76 |
| **25** 19 | **32** 42 | **39** 79 |
| **26** 18 | **33** 46 | **40** 88 |
| **27** 17 | **34** 59 | **41** 86 |
| **28** 25 | **35** 58 | **42** 89 |

## 05 일차    2. 받아내림이 있는 (두 자리 수)-(한 자리 수)

**78쪽**

| | | |
|---|---|---|
| **1** 7 | **8** 48 | **15** 9 |
| **2** 15 | **9** 58 | **16** 16 |
| **3** 24 | **10** 59 | **17** 46 |
| **4** 27 | **11** 65 | **18** 69 |
| **5** 37 | **12** 68 | **19** 77 |
| **6** 38 | **13** 76 | **20** 88 |
| **7** 49 | **14** 86 | **21** 89 |

**79쪽**

| |
|---|
| **22** 28개 |
| **23** 37개 |
| **24** 45캔 |
| **25** 56장 |
| **26** 69자루 |
| **27** 87마리 |

## 06 일차    3. (몇십)-(두 자리 수)

**80쪽**

| | | |
|---|---|---|
| **1** 1 | **6** 18 | **13** 9 |
| **2** 5 | **7** 33 | **14** 5 |
| **3** 17 | **8** 2 | **15** 7 |
| **4** 9 | **9** 16 | **16** 12 |
| **5** 4 | **10** 8 | **17** 24 |
| | **11** 25 | **18** 16 |
| | **12** 31 | **19** 29 |

**81쪽**

| | | |
|---|---|---|
| **20** 37 | **27** 3 | **34** 11 |
| **21** 16 | **28** 6 | **35** 32 |
| **22** 23 | **29** 19 | **36** 57 |
| **23** 44 | **30** 15 | **37** 38 |
| **24** 2 | **31** 14 | **38** 13 |
| **25** 75 | **32** 19 | **39** 17 |
| **26** 68 | **33** 5 | **40** 44 |

**07일차** 3. (몇십)-(두 자리 수)

82쪽

| | | | | | |
|---|---|---|---|---|---|
| 1 | 7 | 8 | 25 | 15 | 54 |
| 2 | 8 | 9 | 1 | 16 | 69 |
| 3 | 13 | 10 | 18 | 17 | 47 |
| 4 | 6 | 11 | 34 | 18 | 6 |
| 5 | 21 | 12 | 3 | 19 | 29 |
| 6 | 15 | 13 | 29 | 20 | 36 |
| 7 | 17 | 14 | 5 | 21 | 73 |

83쪽

| | | | | | |
|---|---|---|---|---|---|
| 22 | 4 | 29 | 14 | 36 | 35 |
| 23 | 2 | 30 | 27 | 37 | 21 |
| 24 | 16 | 31 | 12 | 38 | 36 |
| 25 | 19 | 32 | 8 | 39 | 17 |
| 26 | 2 | 33 | 43 | 40 | 9 |
| 27 | 11 | 34 | 11 | 41 | 12 |
| 28 | 8 | 35 | 49 | 42 | 23 |

**08일차** 3. (몇십)-(두 자리 수)

84쪽

| | | | | | |
|---|---|---|---|---|---|
| 1 | 8 | 8 | 32 | 15 | 6 |
| 2 | 11 | 9 | 21 | 16 | 8 |
| 3 | 24 | 10 | 38 | 17 | 12 |
| 4 | 9 | 11 | 39 | 18 | 36 |
| 5 | 23 | 12 | 27 | 19 | 17 |
| 6 | 35 | 13 | 56 | 20 | 16 |
| 7 | 14 | 14 | 33 | 21 | 41 |

85쪽

| | |
|---|---|
| 22 | 5줄 |
| 23 | 37개 |
| 24 | 22대 |
| 25 | 12마리 |
| 26 | 58벌 |
| 27 | 49명 |

**09일차** 4. 받아내림이 있는 (두 자리 수)-(두 자리 수)

86쪽

| | | | | | |
|---|---|---|---|---|---|
| 1 | 7 | 6 | 9 | 13 | 7 |
| 2 | 4 | 7 | 28 | 14 | 9 |
| 3 | 18 | 8 | 19 | 15 | 14 |
| 4 | 9 | 9 | 5 | 16 | 25 |
| 5 | 27 | 10 | 37 | 17 | 8 |
| | | 11 | 49 | 18 | 36 |
| | | 12 | 36 | 19 | 25 |

87쪽

| | | | | | |
|---|---|---|---|---|---|
| 20 | 19 | 27 | 7 | 34 | 8 |
| 21 | 17 | 28 | 6 | 35 | 23 |
| 22 | 8 | 29 | 6 | 36 | 26 |
| 23 | 28 | 30 | 9 | 37 | 45 |
| 24 | 39 | 31 | 19 | 38 | 38 |
| 25 | 56 | 32 | 24 | 39 | 17 |
| 26 | 19 | 33 | 35 | 40 | 58 |

## 4. 받아내림이 있는 (두 자리 수)-(두 자리 수)

**88쪽**

| | | |
|---|---|---|
| 1 9 | 8 26 | 15 7 |
| 2 17 | 9 39 | 16 22 |
| 3 7 | 10 29 | 17 3 |
| 4 12 | 11 17 | 18 48 |
| 5 19 | 12 39 | 19 8 |
| 6 9 | 13 16 | 20 28 |
| 7 6 | 14 55 | 21 9 |

**89쪽**

| | | |
|---|---|---|
| 22 8 | 29 19 | 36 59 |
| 23 9 | 30 9 | 37 57 |
| 24 6 | 31 44 | 38 19 |
| 25 26 | 32 36 | 39 49 |
| 26 7 | 33 19 | 40 46 |
| 27 19 | 34 28 | 41 35 |
| 28 29 | 35 9 | 42 18 |

## 4. 받아내림이 있는 (두 자리 수)-(두 자리 수)

**90쪽**

| | | |
|---|---|---|
| 1 8 | 8 29 | 15 9 |
| 2 9 | 9 28 | 16 17 |
| 3 2 | 10 18 | 17 37 |
| 4 7 | 11 68 | 18 16 |
| 5 27 | 12 19 | 19 39 |
| 6 28 | 13 47 | 20 57 |
| 7 16 | 14 28 | 21 35 |

**91쪽**

| |
|---|
| 22 6조각 |
| 23 9명 |
| 24 48접시 |
| 25 36장 |
| 26 27석 |
| 27 18개 |

## 5. 여러 가지 방법으로 뺄셈하기

**92쪽**

| | | |
|---|---|---|
| 1 19 | 4 52, 47 | 7 15 |
| 2 24, 19 | 5 33, 25 | 8 13, 20, 19 |
| 3 21, 17 | 6 65, 58 | 9 17, 30, 29 |
| | | 10 22, 30, 28 |
| | | 11 45, 10, 6 |

**93쪽**

| | | |
|---|---|---|
| 12 34, 30, 28 | 17 19 | 22 70, 12, 18 |
| 13 26, 40, 39 | 18 40, 21, 23 | 23 70, 31, 38 |
| 14 58, 20, 19 | 19 40, 12, 18 | 24 80, 61, 69 |
| 15 61, 20, 14 | 20 50, 12, 15 | 25 90, 43, 44 |
| 16 67, 30, 29 | 21 60, 31, 32 | 26 90, 1, 7 |

**94쪽**

1  10, 21, 19
2  30, 14, 18
3  2, 2, 8
4  30, 13, 6
5  7, 7, 28
6  40, 21, 29
7  50, 12, 14

8  3, 3, 27
9  50, 3, 9
10 30, 28, 19
11 60, 14, 17
12 20, 45, 38
13 9, 9, 18
14 1, 1, 39

**95쪽**

15 4, 4, 56
16 70, 46, 48
17 9, 9, 15
18 55, 20, 19
19 31, 50, 46
20 80, 35, 37

21 5, 5, 65
22 76, 10, 7
23 60, 32, 26
24 7, 7, 36
25 74, 20, 16
26 90, 21, 27

**14 일차**  연산&문장제 마무리

**96쪽**

1  59
2  74
3  6
4  17
5  28
6  39
7  54

8  13
9  26
10 25
11 24
12 61
13 58
14 5

15 7
16 17
17 8
18 28
19 27
20 19
21 37

**97쪽**

22 83
23 7
24 18
25 29
26 38
27 47
28 78
29 88

30 7
31 25
32 22
33 13
34 15
35 34
36 19
37 8

38 19
39 8
40 37
41 27
42 16
43 34
44 16
45 59

**98쪽**

46 38마리
47 68개
48 17개
49 13번
50 39대
51 16명
52 28살
53 46개

# 4. 덧셈과 뺄셈

## 01일차  1. 덧셈과 뺄셈의 관계

### 100쪽

**1** 14, 9 / 14, 9
**2** 25, 17 / 25, 8
**3** 37, 19 / 37, 18
**4** 42, 26 / 42, 16

**5** 51, 39 / 51, 12
**6** 63, 37 / 63, 37
**7** 72, 28 / 72, 44
**8** 83, 38 / 83, 45
**9** 94, 38 / 94, 56
**10** 95, 49 / 95, 49

### 101쪽

**11** 8, 15 / 7, 15
**12** 14, 23 / 9, 23
**13** 28, 35 / 7, 35
**14** 19, 47 / 28, 47
**15** 27, 53 / 26, 53
**16** 17, 62 / 45, 62

**17** 36, 64 / 28, 64
**18** 29, 75 / 46, 75
**19** 47, 81 / 34, 81
**20** 57, 86 / 29, 86
**21** 58, 92 / 34, 92
**22** 17, 93 / 76, 93

## 02일차  1. 덧셈과 뺄셈의 관계

### 102쪽

**1** 8, 11, 3, 11 /
11−3=8, 11−8=3

**2** 7, 24, 17, 24 /
24−17=7, 24−7=17

**3** 18, 33, 18, 33 /
33−18=15, 33−15=18

**4** 16, 41, 16, 41 /
41−25=16, 41−16=25

**5** 22, 61, 22, 61 /
61−39=22, 61−22=39

**6** 57, 76, 19, 76 /
76−57=19, 76−19=57

**7** 47, 85, 47, 85 /
85−38=47, 85−47=38

**8** 36, 91, 36, 91 /
91−36=55, 91−55=36

### 103쪽

**9** 16, 9, 16, 7 /
7+9=16, 9+7=16

**10** 21, 6, 21, 15 /
6+15=21, 15+6=21

**11** 44, 28, 44, 28 /
16+28=44, 28+16=44

**12** 52, 25, 52, 25 /
25+27=52, 27+25=52

**13** 65, 19, 65, 19 /
19+46=65, 46+19=65

**14** 78, 49, 78, 49 /
29+49=78, 49+29=78

**15** 82, 37, 82, 45 /
37+45=82, 45+37=82

**16** 93, 75, 93, 75 /
18+75=93, 75+18=93

**2. 덧셈식에서 □의 값 구하기**

1 4
2 23, 8, 15
3 35, 16, 19
4 46, 19, 27
5 52, 28, 24

6 54, 15, 39
7 66, 29, 37
8 71, 25, 46
9 74, 17, 57
10 82, 55, 27
11 87, 38, 49
12 94, 69, 25

13 9
14 17, 9, 8
15 22, 8, 14
16 26, 19, 7
17 31, 15, 16
18 33, 5, 28
19 45, 26, 19

20 53, 19, 34
21 56, 38, 18
22 62, 27, 35
23 67, 29, 38
24 73, 14, 59
25 81, 13, 68
26 92, 69, 23

**2. 덧셈식에서 □의 값 구하기**

1 5
2 6
3 13
4 9
5 15
6 8
7 27

8 19
9 16
10 29
11 47
12 17
13 34
14 39

15 37
16 25
17 36
18 28
19 69
20 58
21 48

22 17개
23 38명
24 15쪽
25 37줄
26 58회

**3. 뺄셈식에서 □의 값 구하기**

1 7
2 22, 6, 16
3 35, 17, 18
4 41, 28, 13
5 55, 26, 29

6 64, 29, 35
7 68, 19, 49
8 73, 48, 25
9 77, 39, 38
10 86, 18, 68
11 88, 49, 39
12 98, 9, 89

13 13
14 9, 16, 25
15 2, 19, 21
16 9, 28, 37
17 17, 27, 44
18 15, 38, 53
19 39, 19, 58

20 25, 36, 61
21 18, 47, 65
22 37, 35, 72
23 59, 18, 77
24 67, 17, 84
25 39, 46, 85
26 58, 35, 93

110쪽

| | | |
|---|---|---|
| 1 9 | 8 17 | 15 76 |
| 2 3 | 9 25 | 16 81 |
| 3 8 | 10 16 | 17 82 |
| 4 18 | 11 23 | 18 83 |
| 5 6 | 12 66 | 19 94 |
| 6 14 | 13 67 | 20 96 |
| 7 28 | 14 74 | 21 97 |

111쪽

22 27권
23 52장
24 45알
25 18송이
26 92명

**07** 일차    4. 세 수의 덧셈

112쪽

1 (위에서부터) 68, 68
2 (위에서부터) 54, 21, 54
3 (위에서부터) 86, 50, 86
4 (위에서부터) 94, 76, 94
5 (위에서부터) 74, 61, 74

6 (위에서부터) 82, 76, 82
7 (위에서부터) 91, 26, 91
8 (위에서부터) 49, 41, 49
9 (위에서부터) 93, 55, 93
10 (위에서부터) 58, 51, 58
11 (위에서부터) 71, 41, 71

113쪽

12 (위에서부터) 88, 88
13 (위에서부터) 51, 34, 51
14 (위에서부터) 97, 70, 97
15 (위에서부터) 77, 23, 77
16 (위에서부터) 98, 75, 98
17 (위에서부터) 43, 22, 43

18 (위에서부터) 87, 62, 87
19 (위에서부터) 93, 30, 93
20 (위에서부터) 96, 81, 96
21 (위에서부터) 84, 56, 84
22 (위에서부터) 31, 27, 31
23 (위에서부터) 80, 33, 80

**114쪽**

1  82

2  (왼쪽부터) 69, 69, 93

3  (왼쪽부터) 33, 33, 42

4  (왼쪽부터) 11, 11, 26

5  (왼쪽부터) 11, 11, 60

6  (왼쪽부터) 72, 72, 99

7  (왼쪽부터) 58, 58, 74

8  (왼쪽부터) 72, 72, 97

9  (왼쪽부터) 61, 61, 75

10  (왼쪽부터) 84, 84, 91

11  (왼쪽부터) 63, 63, 75

12  (왼쪽부터) 57, 57, 71

13  (왼쪽부터) 80, 80, 84

14  (왼쪽부터) 83, 83, 91

15  (왼쪽부터) 82, 82, 96

**115쪽**

16  (왼쪽부터) 31, 31, 69

17  (왼쪽부터) 86, 86, 92

18  (왼쪽부터) 33, 33, 98

19  (왼쪽부터) 22, 22, 91

20  (왼쪽부터) 51, 51, 75

21  (왼쪽부터) 32, 32, 47

22  (왼쪽부터) 72, 72, 86

23  (왼쪽부터) 42, 42, 90

24  (왼쪽부터) 29, 29, 83

25  (왼쪽부터) 68, 68, 94

26  (왼쪽부터) 52, 52, 68

27  (왼쪽부터) 23, 23, 85

28  (왼쪽부터) 79, 79, 98

29  (왼쪽부터) 14, 14, 93

30  (왼쪽부터) 77, 77, 91

**116쪽**

1  97

2  43

3  77

4  90

5  81

6  29

7  80

8  84

9  61

10  93

11  71

12  57

13  86

14  96

15  95

16  65

17  75

18  66

19  90

20  82

21  96

**117쪽**

22  74개

23  69쪽

24  91명

25  72장

26  93병

**118쪽**

**1** (위에서부터) 6, 6

**2** (위에서부터) 3, 7, 3

**3** (위에서부터) 11, 18, 11

**4** (위에서부터) 6, 9, 6

**5** (위에서부터) 5, 16, 5

**6** (위에서부터) 16, 24, 16

**7** (위에서부터) 9, 16, 9

**8** (위에서부터) 5, 23, 5

**9** (위에서부터) 4, 16, 4

**10** (위에서부터) 2, 7, 2

**11** (위에서부터) 19, 36, 19

**119쪽**

**12** (위에서부터) 14, 28, 14

**13** (위에서부터) 9, 31, 9

**14** (위에서부터) 35, 43, 35

**15** (위에서부터) 39, 44, 39

**16** (위에서부터) 7, 25, 7

**17** (위에서부터) 32, 39, 32

**18** (위에서부터) 22, 41, 22

**19** (위에서부터) 13, 29, 13

**20** (위에서부터) 49, 67, 49

**21** (위에서부터) 8, 51, 8

**22** (위에서부터) 15, 64, 15

**23** (위에서부터) 41, 69, 41

**120쪽**

**1** 3

**2** (왼쪽부터) 9, 9, 6

**3** (왼쪽부터) 13, 13, 7

**4** (왼쪽부터) 19, 19, 12

**5** (왼쪽부터) 27, 27, 8

**6** (왼쪽부터) 24, 24, 8

**7** (왼쪽부터) 26, 26, 18

**8** (왼쪽부터) 23, 23, 16

**9** (왼쪽부터) 19, 19, 5

**10** (왼쪽부터) 17, 17, 9

**11** (왼쪽부터) 33, 33, 5

**12** (왼쪽부터) 29, 29, 23

**13** (왼쪽부터) 39, 39, 24

**14** (왼쪽부터) 26, 26, 7

**15** (왼쪽부터) 51, 51, 28

**121쪽**

**16** (왼쪽부터) 52, 52, 16

**17** (왼쪽부터) 31, 31, 8

**18** (왼쪽부터) 45, 45, 19

**19** (왼쪽부터) 57, 57, 48

**20** (왼쪽부터) 9, 9, 3

**21** (왼쪽부터) 50, 50, 35

**22** (왼쪽부터) 65, 65, 27

**23** (왼쪽부터) 76, 76, 37

**24** (왼쪽부터) 32, 32, 6

**25** (왼쪽부터) 71, 71, 47

**26** (왼쪽부터) 78, 78, 33

**27** (왼쪽부터) 46, 46, 19

**28** (왼쪽부터) 75, 75, 29

**29** (왼쪽부터) 79, 79, 60

**30** (왼쪽부터) 29, 29, 22

**5. 세 수의 뺄셈**

**122쪽**

| 1 | 15 | 8 | 2 | 15 | 16 |
|---|----|---|---|----|----|
| 2 | 3 | 9 | 19 | 16 | 6 |
| 3 | 7 | 10 | 8 | 17 | 23 |
| 4 | 12 | 11 | 17 | 18 | 29 |
| 5 | 10 | 12 | 34 | 19 | 59 |
| 6 | 9 | 13 | 44 | 20 | 4 |
| 7 | 6 | 14 | 28 | 21 | 9 |

**123쪽**

22 19명
23 5조각
24 11개
25 21장
26 27개

---

**6. 세 수의 덧셈과 뺄셈**

**124쪽**

1 (위에서부터) 18, 18
2 (위에서부터) 7, 26, 7
3 (위에서부터) 37, 70, 37
4 (위에서부터) 69, 97, 69
5 (위에서부터) 27, 51, 27

6 (위에서부터) 17, 82, 17
7 (위에서부터) 24, 72, 24
8 (위에서부터) 56, 95, 56
9 (위에서부터) 48, 92, 48
10 (위에서부터) 76, 91, 76
11 (위에서부터) 16, 93, 16

**125쪽**

12 (위에서부터) 12, 12
13 (위에서부터) 23, 9, 23
14 (위에서부터) 44, 7, 44
15 (위에서부터) 31, 16, 31
16 (위에서부터) 72, 36, 72
17 (위에서부터) 85, 28, 85

18 (위에서부터) 46, 8, 46
19 (위에서부터) 66, 27, 66
20 (위에서부터) 95, 47, 95
21 (위에서부터) 94, 27, 94
22 (위에서부터) 52, 26, 52
23 (위에서부터) 74, 68, 74

**126쪽**

**1** 15

**2** (왼쪽부터) 63, 63, 34

**3** (왼쪽부터) 51, 51, 12

**4** (왼쪽부터) 61, 61, 16

**5** (왼쪽부터) 96, 96, 77

**6** (왼쪽부터) 93, 93, 17

**7** (왼쪽부터) 73, 73, 38

**8** (왼쪽부터) 70, 70, 33

**9** (왼쪽부터) 76, 76, 27

**10** (왼쪽부터) 84, 84, 66

**11** (왼쪽부터) 83, 83, 19

**12** (왼쪽부터) 91, 91, 28

**13** (왼쪽부터) 81, 81, 47

**14** (왼쪽부터) 91, 91, 65

**15** (왼쪽부터) 92, 92, 43

**127쪽**

**16** 33

**17** (왼쪽부터) 4, 4, 43

**18** (왼쪽부터) 15, 15, 64

**19** (왼쪽부터) 6, 6, 54

**20** (왼쪽부터) 9, 9, 22

**21** (왼쪽부터) 18, 18, 23

**22** (왼쪽부터) 37, 37, 51

**23** (왼쪽부터) 38, 38, 74

**24** (왼쪽부터) 19, 19, 47

**25** (왼쪽부터) 35, 35, 44

**26** (왼쪽부터) 36, 36, 91

**27** (왼쪽부터) 25, 25, 63

**28** (왼쪽부터) 78, 78, 93

**29** (왼쪽부터) 46, 46, 84

**30** (왼쪽부터) 77, 77, 92

**128쪽**

**1** 7

**2** 29

**3** 17

**4** 37

**5** 15

**6** 19

**7** 39

**8** 66

**9** 23

**10** 63

**11** 54

**12** 31

**13** 61

**14** 42

**15** 51

**16** 71

**17** 37

**18** 64

**19** 32

**20** 25

**21** 52

**129쪽**

**22** 8마리

**23** 83인분

**24** 24개

**25** 43명

**26** 87대

**130쪽**

1. $11-5=6$ / $11-6=5$
2. $32-24=8$ / $32-8=24$
3. $43-18=25$ / $43-25=18$
4. $56-17=39$ / $56-39=17$
5. $43+28=71$ / $28+43=71$
6. $29+59=88$ / $59+29=88$
7. $68+26=94$ / $26+68=94$

8. 14
9. 9
10. 27
11. 16
12. 35
13. 58
14. 49
15. 29

**131쪽**

16. 5
17. 8
18. 9
19. 37
20. 80
21. 95
22. 82
23. 97

24. 56
25. 79
26. 90
27. 74
28. 4
29. 11
30. 9
31. 28

32. 7
33. 26
34. 9
35. 59
36. 62
37. 92
38. 43
39. 73

**132쪽**

40. 15점
41. 54자루
42. 34그루
43. 71마리
44. 29개
45. 46장
46. 83권

# 5. 곱셈

01일차 **1. 묶어 세기**

**134쪽**

1 3
2 5

3 8
4 4
5 7
6 6

**135쪽**

7 8 / 6, 8, 10, 12, 14, 16, 16
8 3 / 7, 14, 21, 21
9 6 / 4, 8, 12, 16, 20, 24, 24

10 2 / 8, 16, 16
11 5 / 3, 6, 9, 12, 15, 15
12 4 / 5, 10, 15, 20, 20

02일차 **1. 묶어 세기**

**136쪽**

1 9, 18 / 2, 18
2 6, 42 / 7, 42
3 7, 21 / 3, 21

4 3, 12 / 4, 12
5 5, 40 / 8, 40
6 8, 32 / 4, 32

**137쪽**

7 6, 12 / 2, 12
8 4, 28 / 7, 28
9 5, 45 / 9, 45

10 2, 8 / 4, 8
11 3, 24 / 8, 24
12 6, 30 / 5, 30

03일차 **2. 몇의 몇 배 알아보기**

**138쪽**

1 5 / 5 / 2, 2, 2, 2, 2, 10
2 4 / 4 / 8, 8, 8, 8, 32

3 3 / 3 / 4, 4, 4, 12
4 6 / 6 / 7, 7, 7, 7, 7, 7, 42
5 7 / 7 / 3, 3, 3, 3, 3, 3, 3, 21

**139쪽**

6 6
7 5, 2
8 6, 5
9 4, 9
10 2, 2
11 5, 5
12 7, 4

13 2, 7
14 7, 3
15 8, 2
16 9, 8
17 8, 6
18 3, 3
19 4, 8

140쪽

1. 6 / 2, 2, 2, 2, 2, 2, 12
2. 3 / 6, 6, 6, 18
3. 7 / 4, 4, 4, 4, 4, 4, 4, 28
4. 3 / 9, 9, 9, 27
5. 9 / 6, 6, 6, 6, 6, 6, 6, 6, 6, 54

6. 5 / 8, 8, 8, 8, 8, 40
7. 2 / 7, 7, 14
8. 8 / 3, 3, 3, 3, 3, 3, 3, 3, 24
9. 4 / 5, 5, 5, 5, 20
10. 3 / 8, 8, 8, 24

141쪽

11. 48장
12. 30켤레
13. 8자루
14. 20개

142쪽

1. 18 / 18
2. 5, 5, 5, 5, 20 / 5, 4, 20

3. 2, 2, 2, 2, 2, 2, 2, 2, 2, 18 / 2, 9, 18
4. 4, 4, 4, 4, 4, 4, 4, 28 / 4, 7, 28
5. 9, 9, 9, 27 / 9, 3, 27

143쪽

6. 32 / 32
7. 3, 3, 3, 9 / 3, 3, 9
8. 8, 8, 8, 8, 32 / 8, 4, 32
9. 7, 7, 7, 7, 7, 7, 7, 7, 7, 63 / 7, 9, 63

10. 2, 2, 2, 2, 2, 2, 2, 14 / 2, 7, 14
11. 9, 9, 18 / 9, 2, 18
12. 6, 6, 6, 6, 6, 6, 36 / 6, 6, 36
13. 5, 5, 5, 5, 5, 25 / 5, 5, 25

**144쪽**

1  42 / 6, 7, 42
2  16 / 2, 8, 16
3  14 / 7, 2, 14
4  8 / 2, 4, 8
5  20 / 4, 5, 20
6  48 / 8, 6, 48
7  54 / 6, 9, 54

8  24 / 3, 8, 24
9  36 / 4, 9, 36
10  36 / 9, 4, 36
11  21 / 7, 3, 21
12  40 / 8, 5, 40
13  54 / 9, 6, 54
14  10 / 5, 2, 10

**145쪽**

15  9조각
16  24개
17  12개
18  12개
19  45마리

---

**146쪽**

1  6 / 2, 6, 12
2  2 / 9, 2, 18
3  4 / 7, 4, 28

4  9 / 4, 9, 36
5  3 / 6, 3, 18
6  8 / 3, 8, 24
7  7 / 5, 7, 35

**147쪽**

8  5, 30
9  9, 18
10  8, 56
11  3, 27

12  6, 18
13  7, 42
14  8, 16
15  2, 16

---

**148쪽**

1  10
2  9, 5, 45
3  3, 2, 6
4  5, 6, 30
5  7, 9, 63

6  6, 8, 48
7  8, 3, 24
8  4, 3, 12
9  9, 4, 36
10  4, 7, 28

**149쪽**

11  27개
12  12개
13  24잎
14  14개
15  32개
16  35명

**150쪽**

1  2 / 2 / 2, 2, 4

2  3 / 3 / 4, 4, 4, 12

3  4 / 4 / 6, 6, 6, 6, 24

4  7, 5

5  5, 3

6  3, 8

7  8, 9

8  2, 6

9  9, 7

**151쪽**

10  3, 3, 3, 3, 3, 3, 18 / 3, 6, 18

11  5, 5, 5, 5, 5, 5, 5, 35 / 5, 7, 35

12  6, 6, 6, 6, 6, 30 / 6, 5, 30

13  8, 8, 16 / 8, 2, 16

14  2, 2, 2, 6 / 2, 3, 6

15  12 / 6, 2, 12

16  49 / 7, 7, 49

17  32 / 4, 8, 32

18  12 / 3, 4, 12

19  27 / 9, 3, 27

**152쪽**

20  15명

21  24개

22  18개

23  56모

24  36살

25  54개

26  21개

연산 노트

연산 노트

연산 노트

연산 노트

풍산자
연산
초등 수학 2·1

# 풍산자 라인업

# 중학 풍산자로 개념과 문제를 꼼꼼히 풀면 성적이 지속적으로 향상됩니다

### 상위권으로의 도약을 위한 중학 풍산자 로드맵

| 원리 개념서 | 기초 반복 훈련서 | 실전 평가 테스트 | 실전 문제 유형서 |
|---|---|---|---|
| ▶ 풍산자 개념완성 | ▶ 풍산자 반복수학 | ▶ 풍산자 테스트북 | ▶ 풍산자 필수유형 |

| 중학 풍산자 교재 | 하 | 중하 | 중 | 상 |
|---|---|---|---|---|
| **개념완성** / # 강남구청 인터넷수능방송 강의교재 / 원리 개념서 **풍산자 개념완성** | 필수 문제로 개념 정복, 개념 학습 완성 | | | |
| **반복수학** / 기초 반복훈련서 **풍산자 반복수학** | 개념 및 기본 연산 정복, 기초 실력 완성 | | | |
| **테스트북** / 실전 평가 테스트 **풍산자 테스트북** | | 단원별 엄선 문제, 실력 점검 및 실전 대비 | | |
| **필수유형** / # 강남구청 인터넷수능방송 강의교재 / 실전 문제유형서 **풍산자 필수유형** | | 모든 기출 유형 정복, 시험 준비 완료 | | |

# 지학사 초등 국어
# 자신감
## 시리즈

### 1~6단계

## 어휘력 자신감

### 하루 15분 즐거운 공부 습관

- 속담, 관용어, 한자 성어, 교과 어휘, 한자 어휘가 담긴 재미있는 글을 통한 어휘·어법 공부

- 국어, 사회, 과학 교과서 속 개념 용어를 통한 초등 교과 연계

- 맞춤법, 띄어쓰기, 발음 등 기초 어법 학습 완벽 수록!

### 1~6단계

## 독해력 자신감

### 긴 글은 빠르게! 어려운 글은 쉽게!

- 문학, 독서를 아우르는 흥미로운 주제를 통한 재미있는 독해 연습

- 주요 과목과 예체능 과목의 교과 지식을 통한 전 과목 학습

- 빠르고 쉽게 글을 읽을 수 있는 6개 독해 기술을 통한 독해 비법 전수

### 3~6단계

## 문해력 자신감

### 초등 학습 능력 향상의 비결

- 교과 내용과 연계된 다양한 영역, 주제의 지문 수록

- 글의 구조화 및 교과 개념과 관련된 배경지식의 확장

- 창의+융합 코너를 통한 융합 사고력, 문제 해결력 향상